ソニー創業者の側近が今こそ伝えたい

井深大と盛田昭夫
仕事と人生を切り拓く力

郡山史郎

青春新書
INTELLIGENCE

【目次】

第2章 井深大の「生き方」

「個人」を尊重する思想の原点

第3章 盛田昭夫の「働き方」

「天性の人たらし」の素顔

第4章 井深大と盛田昭夫

日本、そして世界を変えた最強の二人

編集協力／伊原直司
本文デザイン／青木佐和子

プロローグ

ソニーの快進撃が続いている。２０２１年度には、ソニーグループで過去最高益を達成したと報じられた。今やトヨタと並び、日本を代表する世界的企業といっていいだろう。

しかし、ソニーという会社名は知っていても、そのソニーをつくった井深大と盛田昭夫のことを知る人は、今どれだけいるだろうか。

どこにもないものを生み出し、新しい未来を切り拓いた二人の名経営者。彼らが立ちあがった戦後という時代は、先が見えないという意味では、私たちが生きているこの時代に通じるものがあるように思う。

私はソニーに長年勤務し、創業者たちとともに働いた第一世代の末端に属する。ソニーを定年退職後、紆余曲折をへて、今は人材紹介会社を経営している。ここ数年は「定年後」をテーマにした本を上梓してきた。ただ、「過去には何の価値もない」という井深・盛田の教えを守り、これまでは積極的にソニーについて語ることを避けてきた。

しかし私は今、語ろうと思う。

なぜなら、今こそ彼らの生き方、働き方が、混迷の時代を生き抜く道標(みちしるべ)となるのではないかと思うからだ。


ソニーの会長兼CEOを務めた出井伸之(いでいのぶゆき)さんが二〇二二年六月に亡くなり、一〇月二五日にお別れの会が催された。私は午前一一時半頃、東京・虎ノ門のオークラ東京を訪れた。「平安の間」に通じる廊下には、スタッフが壁際に並んで弔問客を迎えていた。受付で案内状と名刺を出すと、ロングドレスを着た女性が先に立って案内してくれた。

私は静かなお別れの会を想像していた。祭壇に出井さんの遺影があり、参列者は献花台に花を手向けて帰る、といったものだ。

だから、会場に足を踏み入れた途端に少し驚いた。最大で二三〇〇人ほど収容できる「平安の間」をいっぱいに使って、出井さんの巨大なポートレートや動画を映し出すビジヨンが展示されていた。しめやかな雰囲気でなく、まるで「出井伸之展」だった。

献花台にはまだ午前中だというのに、花の山ができている。ダークスーツを着たエグゼクティブたちを中心に大勢の人が集まっていた。想像していたよりも、若い人が多い。この日、約二〇〇〇人が参列したようだ。

女性が付きっきりで案内してくれたのは、私が高齢で足が悪いせいかと思ったら違った。アテンド係の女性は、ざっと五〇人いただろうか。

私は祭壇の近くに立っている出井さんの奥さん、そして吉田憲一郎社長と目礼を交わした。まわりには昔から面識のある秘書課の人たちもいた。

私は花を手向け、出井さんの遺影に手を合わせた。涙が止まらなかった。

出井さんと私は、一年違いでソニーに入った。私は一九五九年に伊藤忠商事から転職し、出井さんは六〇年に早稲田大学政治経済学部を卒業して入社した。

私は二歳年上で、出井さんの事実上の上司だった時期もある。取締役になったのは、私が四年早かった。しかし私が常務だった九五年、彼は一四人抜きで社長になった。かつての上司だった私も追い抜かれた一人だ。それでも出井さんのことは人間的に好きで、尊敬もしていた。彼が社長に就任すると私はソニーを退職した。古い先輩がいたら、新社長はやりづらいだろうと思ったからだ。

私が退職するときに「ご苦労さまでした」と表彰状を渡してくれたのは出井さんだった。

彼はソニーの社長を五年、会長兼CEOを五年務めたあと、二〇〇六年にベンチャー支援などを手がけるクオンタムリープを創業した。私は設立パーティーに呼ばれた。

「この会場にはソニー関係者は誰も呼びませんでした。しかし例外が一人だけいます。乾杯の音頭をとってもらいたくて、ソニー時代の上司を一人呼びました」

出井さんにそう紹介され、私はびっくりしながら乾杯の音頭をとった。

私が二〇〇四年に人材紹介ベンチャー「CEAFOM（シーフォーム）」を起業したとき、出井さんは個人で出資してくれた。つまり、わが社の株主だった。

リーマン・ショックで会社が大打撃を受けたとき、私はこれ以上続けるのは無理と考えて、会社の清算と売却を計画した。だが、出井さんに一喝されて踏みとどまった。

出井さんは「会社をやめるなんてダメです」と言って、売却を許さなかった。自分が投資したお金など失ってもいいから、CEAFOMを存続させろ、と叱咤激励してくれた。

それから一〇年ほどたって「そろそろお返しできるかな」と思っていたら、新型コロナウイルス感染症の流行でまた経営が圧迫された。結局、投資してもらったお金を返せないまま、出井さんとお別れすることになった。出井さんの訃報(ふほう)は、本書をまとめるきっかけのひとつでもある。


「平安の間」で出井さんとの思い出を振り返りながら、私は祭壇から展示のほうへ移動した。展示物を観て回りながら、あることに気づいた。

井深大、盛田昭夫の写真がないのだ。出井さんが若い頃の写真はあるのに、ファウンダー(創業者)の二人と一緒の写真はなかった。もちろん、社長として出井さんの前任者だった大賀典雄(おおがのりお)の写真もない。

出井さんが育てた人、引き上げた人は写っているのに、上司や先輩にあたる人たちの写真はないのだ。

ソニーという会社が、まるで出井伸之社長からはじまったかのようだった。

たしかに現在のソニーは、出井伸之からはじまったといっておかしくない。九五年の社長就任と同時に出井さんが打ち出したスローガンは「リ・ジェネレーション（第二創業）」だった。そして井深さんと盛田さんも、現在の人たちがそう解釈することに不満はないだろう。


井深さんと盛田さんは、会社経営の役割は違ったが、「過去にとらわれない」というマインドは共通していた。二人が目を向けたのは常に未来だった。七〇代になっても「未来はこうなるのではないか」と考え続けたのが井深さんと盛田さんだった。

過去にとらわれないから、若い世代に古い価値観を押し付けることはない。死ぬまで「老害」とは無縁だった。

とくに井深さんは「時代が変われば、人間も価値観も変わる」とよく話していた。創業時に自分がまとめた「設立趣意書」について、後年「あんなものをありがたがる会社に将来はないよ」と言ったほどだ。井深さんにとって、ソニーが時代とともに変化するのは当然のことだった。

その意味で、出井さんは「井深イズム」の継承者だった。

盛田さんはソニーの事業を通して「井深イズム」を世に広めていった。敗戦から一〇年足らずで海外展開をはじめたのも、一九六〇年代に金融業への進出を決断したのも、井深さんの夢を実現するために盛田さんが行ったものだった。


井深大、盛田昭夫の名前を聞いても、若い世代はピンとこないかもしれない。八〇年近く前にソニーを創業した二人といっても、ソニーの関係者でなければ興味を抱かないだろう。過去の出来事にあまり関心がなかった井深さんと盛田さんは、おそらく「知らなくていい」と言うはずだ。

ただ、日本の電子産業が世界を席巻（せっけん）した時期があったことは知っておいていい。日本の電子産業をリードしたのがソニーであり、井深さんと盛田さんという二人の経営者だった。

日本人が世界で再び大活躍できるなら、どこに可能性があるか、と探ってみるのは楽しいことだ。

日本経済は三〇年にわたって沈滞を続け、とくに世界一を誇った電子産業は見る影もない。将来の日本国民は、不自由で貧しい暮らしを強いられるのではないか、なんとか突破口はないものか——そう考えている方もいるのではないか。

井深大の生き方、盛田昭夫の働き方は、日本人が力を取り戻すうえで大いに参考になるだろう。少なくとも、元気をもらえるはずだ。

井深さんと盛田さんは、昔ばなしが大嫌いだった。二人から叱られないように用心しながら筆を進めよう。

本書を読まれたあと、将来のために役立ててもらえる、なにかしらのヒントを得ていただければ幸いである。

第1章

運命を変えた、二人の名経営者との出会い

私とソニーと、井深と盛田

すべては一枚の新聞紙からはじまった

――転職を経てソニーに入社

井深さん、盛田さんとはじめてお会いしたのは一九五九年の秋、私が伊藤忠商事からソニーに転職したときだった。

ソニーは創業から一四年目を迎え、井深さんは五一歳、盛田さんは三八歳。前年に東京通信工業からソニーへ社名変更したばかりだった。

井深さんと最初に会った日のことは記憶にない。採用面接で本社を訪ねたときだったかもしれないし、入社後だったかもしれない。その頃のソニーは、従業員が工場も含めて二〇〇〇人前後だったから、大手商社から転職した私にとっては、井深さんは中小企業の社長さんという印象だった。黒ぶちの眼鏡をかけ、ワイシャツにネクタイを締めたうえから作業服を羽織っていた。

副社長の盛田さんとは採用面接のときに会ったことを覚えている。まだ本人が名付けた「ロマンスグレー」になる前で、二四歳の私には、活力みなぎる元気な青年経営者という印象だった。

もちろん当時は、自分が二五年後に取締役となり、井深さん、盛田さんと一緒にソニーの経営陣に名を連ねるとは想像もしていなかった。

私が転職した経緯と当時のソニーについて簡単に説明しておこう。

私は五八年に一橋大学経済学部を卒業したあと、伊藤忠商事の東京本社に一年半ほど勤めてからソニーに転職した。ソニーは五九年八月にはじめて新聞に求人広告を出し、それをたまたま見たのがきっかけだった。

当時の私は、会社と酒場と雀荘を行き来するような、すさんだ生活を送っていた。アメリカで働きたくて商社マンになったのに、担当業務は思い描いていたものとまるで違った。化学薬品などを国内で販売する業務だった。

日曜日に若い社員たちで湘南海岸へ遊びにいったとき、女子社員がお弁当を包んでいた新聞紙がふと目にとまった。「貿易要員、急募」という求人広告だった。

ソニーは一九五五年九月に日本初のトランジスタラジオを発売し、まもなくアメリカ、カナダでも発売された。私が求人広告を見た頃は、北米市場を中心にトランジスタラジオの輸出が急増していたのだ。

私は求人広告で「ソニー」という会社名を見ても、最初はピンとこなかった。会社、酒場、麻雀の日々だから、テープレコーダーやトランジスタラジオとは縁がなかったのだ。

ただ、少し記憶を辿ってみると、ソニーという社名をはじめて見たわけではないことに気づいた。半年ほど前、取引先のある問屋が与信限度を超えてしまい、ソニーの約束手形を回してきたことがあったのだ。

「こんなヘンな社名の手形は受け取れませんよ」と突き返そうとしたら、相手は「今、急成長している会社ですよ」と言い、職場の先輩も「その会社は心配ない」と太鼓判を押すから、私は受け取った。

当時、東証一部でカタカナの社名はソニーだけで、私はふざけた社名だと思っていた。求人広告を見た瞬間は、自分が手形を信用しなかった会社だとは思い至らなかった。

ソニーはもともとブランド名だった。トランジスタラジオの発売に先立ち、盛田さんたちは北米へ商談に出かけている。そのときに「東京通信工業」「東通工」は発音しづらくて親しまれない、と判断した。そこでアメリカ人たちに発音しやすい「ＳＯＮＹ」をブランド名にし、五八年に社名としたのだった。

採用面接ではじめて目にした〝盛田スマイル〟

――「大きなことを言う人間だからとろう」

ソニーの求人広告が目にとまったのは「貿易要員」を募集していたからだった。

伊藤忠では、国産の化学薬品を日本橋界隈の問屋に卸す営業の仕事がもっぱらだった。外国相手の仕事がしたいと入社したのに、希望の仕事に就けなかったのだ。

ソニーに転職すれば、念願の貿易業務に就けるかもしれない。日本を飛び出し、外国で活躍するのが夢だったから、大学でも英語は頑張っていた。

翌日さっそくソニーに履歴書を送ると、「青山学院大学へ入社試験を受けにくるように」と封書が届いた。私は「大商社の社員が小さな町工場へ転職するのだから、社長自ら三顧の礼で出迎えるだろう」くらいに考えていたから、入社試験は意外な展開だった。

当日は数十人の志望者が集まり、英語と貿易実務の試験を受けた。英語はわりあいできたと思ったが、貿易実務は経験がないから白紙同然だった。それでも合格して、また封書で「本社まで面接にくるように」と通知がきた。

私は生まれてはじめて五反田駅に降り立って、現在は「ソニー通り」と呼ばれている御殿山までの道を歩いた。伊藤忠の東京本社は日本橋にあったから「ずいぶん場末にあるんだな」と思った。

当時のソニー本社は、御殿山の南斜面にあったので「山の上」と呼ばれていた。民家を改築した二階建ての洋館を借りていたのだ。

二階の部屋に通されると、三人の面接官がいた。盛田さん、常務取締役の樋口晃（ひぐちあきら）さん、海外部長の鈴木正吉（すずきまさよし）さんだった。主に盛田さんが質問した。

「この会社に入りたい理由は？」

「外国貿易をやりたいからです」

次の質問は、仕事に関係なかった。その年の四月に当時の皇太子殿下（現・上皇陛下）がご結婚されたので、どう思うかと聞かれたのだ。同じ年に宮内庁長官だった田島道治（たじまみちじ）さんが取締役会長に就任するなど、ソニーは皇室と縁が深かった。

「大変喜んでおります」

最後の質問は「最近のニュースでおもしろいと思ったのは何ですか？」というものだった。

「人工衛星です」

「どうして？」

「人類が、地球の外側にモノを投げるのですから素晴らしい。科学の大成果です。科学の力は無限です」

私の答えに、盛田さんは破顔一笑した。はじめて接した〝盛田スマイル〟に「これは採用だな」と確信した。

入社後に聞いた話では、ほかの面接官が「あれはやめておきましょう」と言って不採用に決まりかけたところへ、盛田さんが「採用しよう。ああいう大きなことを言う人間はわが社に必要だよ」と言って決まったそうだ。常務の樋口さんから「盛田さんのご恩は忘れちゃいけないよ」と繰り返し言われた。

盛田さんは「おもしろい奴だ」と思うと、すぐに採用する癖があった。入社後に役立た

ずだと現場から文句が出たケースも少なくない。私自身も、盛田さんが採用した〝おもしろい人材〟に苦労させられた経験がある。盛田さん独特の人材登用については、詳しく後述する。

「君には応募資格がない」と採用後に指摘される
——新しい職場でのスタート

採用試験に合格した私は、念願の輸出業務を担当できると喜んだが、いざ入社したら外国部の輸入課に配属された。アメリカから輸入した接着剤を国内販売する仕事だから、伊藤忠にいた頃と大して変わらない。

しかも採用試験に合格したあと、人事担当から意外なことを言われた。

「困ったことに、君には応募資格がない。二五歳以上か、二年以上の経験者が条件なんだ」

私は二四歳で、伊藤忠に勤務したのは一年半だった。それなら受験させなければいいのに、試験に合格してから指摘するのがいかにも当時のソニーらしかった。

「会社としては、君を採用したい。そこでひとつ条件を呑んでもらえないだろうか」

人事担当が出した条件とは、給料のことだった。募集要項には、転職前の給料を保証すると記載されていたが、私の場合はソニーの年齢給に準じてほしい、というのだ。つまり、ソニーの入社二年目と同じ金額の月給九〇〇〇円になる。私は伊藤忠で一万二〇〇〇円もらっていたから四分の一も減る。

人事担当から言われたときは、もう伊藤忠に辞表を出して独身寮からも退去していた。転職したら自分で四畳半を借りて家賃を払うことになる。どうやって食べていくんだと仰天した。結局、工場内の食堂で朝昼晩の三食を食べてしのぐことになった。

井深の指名で務めた通訳

——自由すぎる天才発明家

社長の井深さんは技術者集団を束ね、新技術、新製品の開発に集中していた。一方、盛田さんは、工場での量産、販売、宣伝のほか、開発以外の経営全般を担っていた。

外国部に配属された私は、井深さんと業務で接することはなかった。しかし、井深さんに呼び出されることはたびたびあった。海外からお客さんがくると、通訳を命じられたのだ。

求人広告の通り、ソニーの輸出量は増え続けていた。輸出量が増えれば、商談や見学でソニーを訪れる外国人も増える。日本は戦後の復興期から高度成長期に入り、ソニーのような新興企業が世界から注目を集めはじめた時期でもあった。

外国人の来客が多くなると、われわれ貿易要員は通訳にたびたび駆りだされる。私は盛田さんの通訳を頼まれた覚えはないが、井深さんの通訳はしばしば務めた。英語ができる社員は何人もいたが、フランス語もできるのは私も含めて少数だったということもあったのかもしれない。

本業で忙しい日は勘弁してほしいのに、井深さんの秘書が頼みにくる。

「通訳は郡山さんでないとダメだ、と井深さんがおっしゃっています。なんとか、お願いしますよ」

そう言われては断れない。どういうわけか、私は井深さんにえらく気に入られたようだった。ただし、秘書の話がウソだった疑いもある。井深さんの通訳は難しいから、みんな嫌がったのだ。

井深さんが言うことは、まず内容が難しい。話が興に乗ると、通訳の都合などおかまいなしにしゃべるから、間合いがとりにくい。しかも、井深さんは英語がけっこうできたから、通訳している途中で「君、それはちょっと意味合いが違うよ」などとダメ出しをしてくる。

これでは、敬遠されるのも無理はない。先輩社員たちがみんな嫌がるから、一番若くて拒否権のない私が貧乏くじを引かされたわけだ。

今にして思えば、通訳の仕事を通じて井深語録にナマで接することができたのは貴重な体験だった。現在、ネット記事や書籍の井深語録に多くの人が感銘を受けていることを考えると、「貧乏くじ」などと言ったらバチが当たる。

しかし当時の私には、貴重な体験だという意識はなかった。「早く自分の仕事に戻りたいなあ。俺は忙しいのに、社長はヒマなのかな……」と思いながら井深さんの通訳を務めていたのだ。

井深さんの話は内容が深く、次々と新しいテーマに移っていく。外国人のお客さんたちは興味津々で聞いていた。

しかし通訳としては、これほどやりにくい話し方はないから、たまにポイントを外してしまうのだ。

井深さんは私が通訳した内容に不満があっても、叱るようなことは一切なかった。「今のは違うよ」と指摘するだけだ。

井深さんが、社長風を吹かせて威張る姿は見たことがない。

「気どったところがなく、親しみやすくて、誰からも愛された人」

というのが、世間で語られる井深評だが、私の目に映った井深さんもその通りだった。**新入社員の私と話すのも、盛田さんたち経営幹部と話すのも、同じ態度だった。**ソニーの風通しがいい自由な雰囲気は、井深さんによるものだった。

通訳のほかにも、井深さんの部屋に呼ばれることがあった。秘書から「若い人の意見を聞きたいそうなので」と連絡が入るのだ。

ところが、部屋に入って「郡山です」と名乗ると、井深さんはポカンとして「何をしにきたの？」という顔をされることがままあった。秘書を通して呼んだことを忘れているのだ。井深さんがいないこともあった。あるいは、井深さんが話しはじめたと思ったら、急に「あ、そうだ」と何かを思い立ち、さっと部屋を出ていってしまう。いくら待っても戻ってこないから、私はまた職場に帰る……といったこともあった。

井深さんは、新入社員の私から見ても、かなり自由すぎるところがあった。経営者というより、天才発明家の雰囲気だった。

盛田とともに世界を飛び回る日々

――ソニー・アメリカで奮闘

私が入社した頃、外国部員は総勢五〇人ほどだった。外国貿易は、担当役員の盛田さんが一手に切り回していたから、しょっちゅう外国部に姿を見せた。

ある日の夕方、盛田さんが「おい、みんな集まれ」と声をかけ、職場にいた部員たちを招集した。「今度アイルランドに最初の工場を建てることが決まった」と説明しはじめたと思ったら、いきなり次長に向かって「君、責任者として行ってもらうよ」と命じた。いとも簡単に決めてしまうのが、私には衝撃だった。外国部、経理部、技術部から各一名を派遣して、工場を建ててしまうのだ。

五九年、入社してそれほど日のたたないうちに、私はスイス駐在を命じられる。翌六〇年、ソニーはアメリカに法人を設立し、それと足並みを揃えるように私がいたスイス駐在事務所もヨーロッパの地域本部として現地法人化された。第一の目的は、戦後の新興成金であったソニーが資金をプールするためだったようだ。

会社設立にあたって、盛田さんが足繁くスイスにやってきた。私はまだ見習い同然だったが、日本へのテレックスの送信など、スイス滞在中の盛田さんをお手伝いした。

本格的に盛田さんの部下として働くのは、日本へ一時帰国後、一九六四年にアメリカ赴任を命じられてからである。盛田さんはその頃、本社の副社長とソニー・アメリカの社長を兼務していた。海外展開を進める盛田さんの主戦場だった。

私は東京オリンピック開催中にアメリカへ旅立った。担当するのは、ソニーが世界ではじめて発売する家庭用VTRの販売だった。企業などで使う業務用VTRは数年前から製造していたが、家庭用を開発するのが井深さんの念願だった。

ソニー・アメリカがニューヨークで設立されて四年がたっていた。最初のオフィスはマンハッタンのなかでも南の外れにあったが、赴任したときの勤務地は五番街の四七丁目。東京なら銀座のど真ん中だ。

盛田さんは家庭用VTR販売の陣頭指揮をとっていた。担当者の私は、盛田さんの仕事を間近で見て学ぶ機会を得た。

盛田さんは人づかいが非常にうまい。

「**わが社の将来は、君の双肩にかかっている。頑張ってくれ**」

そう言われた私のモチベーションはもちろん高まった。

しかし家庭用ＶＴＲの販売は、一筋縄ではいかなかった。担当者である私自身が、当時はビデオの利便性を図りかねたくらいだ。六〇年前は、一般家庭でテレビ番組の録画が必要とされているようには思えなかった。

盛田さんは「**井深さんが売れると言ったものは必ず売れる**」と、精力的に営業活動を進めた。製品発表会では自ら説明し、記者の質問にも答える。まさに熱血営業部長という働きぶりだったが、盛田さんが日本に帰ったあとは、私をはじめとして各担当者が事後の対応に追われた。なにしろ盛田さんはいろいろなところに手を広げ過ぎるのだ。

一般家庭の市場で苦戦すると、盛田さんは企業や団体、学校向けに販売することを提案した。企業内には教育研修、社長メッセージなどの社内コミュニケーション、ショールーム……とビデオがあると便利な場面がいくつもある。まずは企業や団体に普及させ、一般家庭へ広げていこうという戦略に変わった。井深さんが打ち出す構想を全面的に支持しながらも、盛田さんは現実の問題に直面すると柔軟に対応し、仕事を進めてしまう。

やがて家庭用ＶＴＲは、結果的にソニーが世界企業に育つうえで大きく貢献することになる。ソニーだけでなく、日本の電子産業が世界市場を制覇するきっかけにもなった。井深さんの「構想」、盛田さんの「実行」がその道を切り拓いたと、私は考えている。

私はソニー・アメリカで九年働き、一九七三年にソニーを辞めた。ミシンなどで有名な米シンガー社に転職したのだ。私は五番街のショールームで盛田さんに退職の意思を伝え、いったんソニーを去った。

井深から「生き方」を、盛田から「働き方」を学ぶ
――側近だけが知っている、二人の教え

シンガーの日本法人に八年勤め、一九八一年に再びソニーに入社した。近年は日本企業でも、出戻り転職を受け入れる「アルムナイ制度」が広がっている。私は四〇年前にソニーで出戻り転職したわけだ。

「ソニーを辞めたのは間違いだった。もう一度ソニーに入ったのはもっと間違いだった」

私はこの冗談をよく口にするが、少なくとも前半は本心だ。あのまま辞めずに頑張っていたら……と考えることが、ソニーを離れてから何度かあったからだ。

再入社で最終的に面談したのも盛田さんだった。私は神奈川県の厚木工場で、事業が拡大していた業務用機器を担当することになった。

私は再入社の四年後に取締役となり、九〇年に常務取締役に就任した。経営戦略本部長

だった一九八九年には、盛田さんが進めたコロンビア映画の買収も担当した。取締役になってから井深さん、盛田さんとの距離はずっと縮まったように思える。

しかし盛田さんは九三年一一月、テニスのプレー中に脳内出血で倒れて重い障がいが残り、九九年一〇月に亡くなるまでビジネスの現場に戻ることはなかった。病に倒れたのは、経団連会長に就任する直前のことだった。

九五年六月、私は出井伸之社長が就任する直前にソニーの取締役を辞任した。当初はソニーと関係がない仕事に就くつもりだったが、結局、縁あって井深さんが取締役を務めていたソニーＰＣＬの社長に就任することになる。

技術者でない私は、このときはじめて井深さんと仕事でつながりを持った。入社したての頃に井深さんの通訳を務めてから三五年以上が過ぎていた。井深さんが九七年一二月に亡くなられるまで、私は井深さんに同社の経営について、たびたび報告にうかがった。

私は二〇〇〇年にソニーＰＣＬの会長となり、〇二年にソニーの顧問となった。振り返ってみれば、私はトータル三五年にわたってソニーという会社のお世話になったことになる。

数々のおもしろい仕事に携わり、大勢の方から学びながら歩んできたが、ファウンダーである井深さんと盛田さんから学んだことは大きい。とくに**井深さんからは人間としての生き方を、盛田さんからはビジネスで成功するための働き方を学んだ**ように思う。

次章からは、二人のエピソードも交えながら、彼らが教えてくれた仕事と人生を切り拓くヒントを伝えていこう。

第2章

井深大の「生き方」

「個人」を尊重する思想の原点

「たくさんの人が喜ぶものをつくれ」

——誰のために製品をつくるのか

厚木工場にいた頃、私の部署が井深賞をもらったことがある。テレビ局などで使われる放送機器の開発プロジェクトが評価されたからだった。販売実績でもかなりの売上をあげていた。

井深賞は、一九七六年に創立三〇周年を記念してはじまった。以前からあった表彰制度とは違って、井深さんの名前を冠した特別な賞である。エンジニアにとっては最高の勲章だ。

ところが、授賞式から戻ったエンジニアたちは浮かない表情だった。井深さんから「本当は君たちにあげたくないんだ」と言われたという。私は「今度井深さんに会ったら詳しく聞いてみるよ」と彼らを慰めた。

井深さんに会うと、やはり褒められるどころではなく、「君たちに井深賞をあげたくなかった」と同じことを言われた。そして、次のように質問された。

「世界中に放送局はいくつくらいある？」

「およそ二〇〇〇局です」

「今、世界にはどれだけの人口がいる？」

「四五億人くらい（当時）ですかね」

「二〇〇〇と四五億……どっちを相手に商売すべきか、ということだよ。まぁ、儲かっているのはいいことだけど」

技術が認められて受賞したのだと考えていたが、井深さん自身は評価していないというのだ。販売先が世界中に二〇〇〇しかない点が不満らしい。「厚木工場はたくさんのエンジニアを抱えて、そんなつまらない製品をつくっているのか」とでも言いたげな顔だった。

二〇〇〇の会社より四五億の個人に向けて製品をつくるべきだ、というのはいかにも井深さんらしい発想だ。

業務用の製品は、量産品ではないから高額で利益が大きい。ビジネスとしてちゃんと成立する。しかし、井深さんが考える商品の大きな流れには合っていないのだ。**誰のために製品をつくるか**、という問題だといってもいい。

井深さんは常に個人ユーザーを意識していた。業務用の製品が市場に必要だとしても、それは他社に任せておけばいい、ソニーがやることではない、というのが井深さんのポリシーだった。

井深さんがソニーの前身である「東京通信研究所」を設立したのは一九四五年十月のこと。日本が戦争に負けた翌々月だ。三七歳の井深さんは疎開先の長野県から仲間とともに上京し、日本橋にあった白木屋（江戸三大呉服店を前身に持つデパート）の三階に事務所兼工場を構えた。

はじめはラジオの修理や改造を手がけ、短波放送の受信に必要なコンバータ（周波数変換器）を開発した。敗戦直後でみんなニュースを聴きたがっていたから、需要は大きかった。

ラジオの次に、木のお櫃にアルミ電極を貼り合わせた電気炊飯器を試作し、翌年五月には東京通信工業を設立して、冬に向けて電気ざぶとんを発売した。ものがない時代、暮らしに役立つ製品を中心に開発を進めていった。「**日本人のどん底生活を豊かにするため、自分たちの技術を活かす**」という視点から、井深さんのものづくりは出発している。

井深さんの技術に対する先見性は並外れていたと、多くのエンジニアが語っていた。例えば、私が入社した頃は「日本につくれるもの、つくれないものがある」と話していた。自動車は必ず世界一になるが、飛行機は難しい、と言っていた。もともと資源のない日本のものづくりは、より小さく、より高品質に、より低価格に……という方向で進み、ラジオ、テープレコーダー、テレビなどは「一家に一台」の時代から、いずれ「一人一台」の時代を迎えると見ていた。パーソナル化への大きな流れだ。

井深さんは新製品が完成すると、もう次の開発のことだけを考えていた。工場で量産することには興味がなく、盛田さんに任せてしまう。量産化にも技術的な課題はいくつもあるのに、井深さんは「一台できれば、一万台つくるのも同じだ」と興味がなかったのだ。

部品の製造にも興味がなかった。ソニーは世界有数の特別な半導体メーカーとして知られるが、井深さんは半導体の製造に反対していた。新しい半導体の開発は自分たちの仕事だが、大量生産は他社に任せればいいという考えだった。

ソニーは技術を公開して部品の製造を他社に任せた。ソニーの部品を製造することで成長し、大企業になったところもたくさんある。井深さんを神様のように崇めた経営者は少なくない。

私が井深賞をもらった業務用の放送機器は、個人向けではないし、量産品でもない。つまり、「井深イズム」に反したのだ。

しかし井深さんは決してワンマン社長ではなかったから、井深さんが反対しても継続され、大きく育った事業はいくつもある。業務用の放送機器も、現在に至るまでソニーが世界トップクラスを維持している。井深さんの考え方にはマッチしないかもしれないが、B2B（B to B）の製品はその後も誕生している。このあたりも、ソニーという会社のおもしろいところだろう。

会社のなかでも「個人」を尊重する

――自由闊達(じゆうかったつ)に働ける職場

「井深イズム」に則せば、優れた製品は最終的に個々人が所有するようになる。

例えばテープレコーダーは、はじめは会社や学校でしか見ることはなかった。そのうち家庭に普及し、ラジカセが広く出回るようになると一人一台になった。録音と再生の機能という意味では、現在はスマートフォンに入れてみんなが持ち歩いている。

井深さんが「個人」を重視したのは、製品を買ってもらうマーケットだけではない。製品を提供する側である「自分たちも個人」という意識があった。

井深さんにとって個人は、最も大切な価値のひとつだった。私が直に接した井深さんも、弟子のエンジニアたちが語った井深さんも、常に個人を尊重していた。

個性の尊重、**人格主義**が「井深イズム」の根底にある。

ソニーの経営方針には〈一切の秩序を実力本位、人格主義の上に置き、個人の技能を最大限度に発揮せしむ〉という一節がある。**個人が尊重されなくては、一人ひとりの力が発揮される会社にはならない**、ということだ。

「設立趣意書」の〈自由闊達にして愉快なる理想工場の建設〉もよく知られたフレーズである。〈自由闊達〉は多磨霊園にある井深さんのお墓にも刻まれている。個人が尊重されなければ、自由闊達に働くことは難しい。

社員が個性を発揮し、意欲的に働いていれば、社長が尻を叩く必要もない。井深さんは、部下がミスしたらストレートに指摘する。私の通訳に「それはちょっと違うよ」と言ったように、即座にダメ出しするようなことはしょっちゅうだった。

しかし、相手の人格を否定することはなかった。「あいつはダメだね」といった第三者の悪口を言うのも見たことがない。個人の尊重、人格主義からすれば当然のことだろう。

部下の人格を否定し、人前で辱(はずかし)めるパワハラ社長、パワハラ上司の例は、令和の世の中になっても見聞きする。井深さんはパワハラどころか、他人へのちょっとした悪口ひとつ口にしなかった。もちろん、社員の思想・信条を否定したり、社員の心に踏み込んだりすることもなかった。

井深さんのポリシーはストライキへの対応にも表れていた。

ソニーの労働組合は創業一〇周年の一九五六年に結成され、電機労連に加盟している。当時の社員数は五〇〇名に満たなかったのが、設立一五年を迎えた六一年には三七〇〇名を超えていた。わずか五年で社員数が七倍以上になる急成長だった。

六〇年には、年末のボーナスをめぐって初のストライキが起きた。翌六一年春の賃上げ闘争でもストライキが起こり、活動方針が異なる社員たちが新労働組合を結成した。五月八日に設立一五周年の祝賀式典が開かれたのも、ストライキの最中だった。

井深さんは労働組合について、こう話していた。

「社員が一〇〇名もいない会社で組合ができたら、それは経営者の能力が乏しい証拠だよ」

裏返せば、社員が四〇〇〇人を超えようとしていたソニーに労組があるのは当然ということだ。組合活動が活発化するのも仕方ないことだと捉えていたのだろう。

ちなみに、祝賀式典には当時の池田勇人（いけだはやと）首相などが参列し、井深さんが挨拶している。

副社長の盛田さんは、ストライキの対応に追われて式典に参加できなかった。井深さんと盛田さんは、工場のストライキにショックを受けたようだった。それでも「経営陣の責任だ」と組合の悪口は言わなかった。

このストライキでは、私はまだ管理職ではないのになぜか会社側の対応メンバーに入れられていた。使い走りのような立場で、盛田さんたちと一緒に事務所に立てこもった。ストライキが珍しくない時代だから、悲壮感みたいなものはなかった。

「組合員も社員だから、経営側が変なことをしちゃいけない」

盛田さんはそう言って、ストライキを非難することはなかった。よく話し合って解決するしかない、という姿勢だった。常に落ち着いて対応していたのが印象に残っている。

井深さんが、大失敗した部下のことを悪く言うのも見たことがない。並以下の経営者は、人前で自分の気がすむまで部下を叱りつけ、「あいつはダメだ」とまわりに悪口を聞かせて見せしめにする。パワハラや恐怖政治が経営者の仕事だと勘違いしている人たちだ。

井深さんは人前で部下を叱ることもなければ、悪口を言うこともない。むしろ「失敗は資産」と考えていた。自分も失敗を重ねて、ここまできたという経験知があるからだ。

そういう「井深イズム」が通底しているから、ソニーでは、**チャレンジした結果なら、大失敗だろうと咎めない**というカルチャーがあった。実際に大失敗した新製品、新事業が山ほどあるし、経歴を見たら成功より失敗のほうが多い役員は何人もいた。

井深さんは「会社が小さいうちは、組織とかルールなんてものはいらない」と言っていた。むしろ、組織やルールは百害あって一利なしと言いたかったのだろう。人格主義だから、みんな個性を発揮して好きなように働き、それで会社が儲かれば万々歳だということだ。

井深さんの経営思想には「**会社より個人のほうが大切**」という前提があった。

弱者がいかに保護されているかが大切

――井深大とキリスト教

井深さんは折に触れて「弱者の保護」について話していた。

「この世の中には、恵まれない人たちがいる。貧しい人や肉体にハンディキャップがある人などだ。その恵まれない人たちをいかに保護するか。これが一番大事なんだ。**弱者がどれだけ保護されているかは、文明を測る尺度だ**」

文明が未発達だと、弱肉強食の社会になる。強者は力にものを言わせて、自分がほしいものを弱者から奪う。その最たるものは戦争だ。近隣の国にほしいものがあれば、武力を用いて奪いとろうとする。井深さんは、**弱者が保護されない社会、弱肉強食の社会は実に低劣**だと嫌っていた。

敗戦も影響しているだろう。井深さんは戦時中、自分が立ち上げた日本測定器という会社で、軍需電子機器を開発していた。当時、海軍技術中尉だった盛田さんと出会ったのは、戦時研究委員会という集まりだった。

弱者保護に目を向けたのは、クリスチャンだったことも無関係ではないだろう。井深さんは早稲田大学第一高等学院の三年生だった頃、親戚のすすめでプロテスタントの富士見町教会に通いはじめ、洗礼を受けている。理工学部の学部長だった山本忠興（やまもとただおき）教授もクリスチャンで、その影響もあって日曜学校などで熱心に活動していたようだ。

プロテスタントは、個人を大切にする。貧民救済などの慈善活動もある。井深さんの思想には、プロテスタントの教えが多分に含まれていたと思える。

テレビや雑誌で井深さんについて語られるとき、「クリスチャンだった」という説明がされることは多い。しかし、井深さんがキリスト教について話している姿は、私は見たことがない。会話のなかにキリストの「キ」の字も出てこなかった。

自分がクリスチャンだと話すことはなく、社内のどこかで聖書を見かけたこともない。井深さんがクリスチャンだと知らない社員もたくさんいただろう。あとで言われてみれば、井深さんの言動や経営方針にキリスト教的な志向が感じられる、といった程度だった。

私は鹿児島でラ・サールというミッションスクールに通ったから、カソリックとプロテスタントの違いはあっても、キリスト教の感覚はわかるつもりだ。

ソニー・太陽株式会社が大分県別府市にできたのは一九七八年のことだ。障がい者が自立するための施設「太陽の家」とソニーの共同出資で、障がい者が働く工場が建設された。太陽の家にはオムロン、ホンダ、三菱商事ほかいくつもの企業が賛同し、工場などを建設している。オムロン創業者の立石一真(たていしかずま)さんや本田宗一郎(ほんだそういちろう)さんと井深さんは、この活動で協力し合っていた。

井深さんは、幼児教育の普及にも熱心だった。一九六九年に幼児開発協会(現・ソニー教育財団)を設立して理事長となり、『幼稚園では遅すぎる』(一九七一年)、『0歳からの母親作戦』(一九七九年)など幼児教育の著書もある。企業経営やビジネスより、幼児教育に関する情報発信のほうが多かった。四歳までに知能を発達させ、立派な人間を育てるのが二一世紀への課題だとよく語っていた。

井深さんの社会貢献について、社内で話題になることはほとんどなかった。少なくとも私が新入社員から役員になるまでの間、障がい者支援や幼児教育について経営会議などの公式な場で話が出たことはない。

現在ならCSR（企業の社会的責任）として会社が取り組むテーマだが、あの当時は高度成長期でみんなビジネスに大忙しだったから「井深さんの趣味みたいなもの」と受け止められていた。盛田さんは「井深さんの個人的な思いから取り組んでいることだけど、会社としても協力しよう」という形で間接的に応援していた。

それでも、ソニーの経営や風土に、井深さんの思想は色濃く表れていた。多大な影響というより、ソニーの経営戦略は井深さんの思想そのものだった。

「この人のためなら」と思わせる人間力
――なぜ、井深が慕われるのか

井深さんは、今でいう社会貢献に熱心だった一方、財界活動などで目立つことは好まなかった。盛田さんが経団連会長に推されるほど、財界活動にエネルギーを注いだのとは対照的だ。

井深さんは勲一等旭日大綬章（くんいっとうきょくじつだいじゅしょう）（一九八六年）、文化勲章（一九九二年）などをもらえば、素直に喜ぶ。だからといって、偉ぶったり自慢したりすることはない。いつも自然体だった。井深さんにとって人間はみんな平等だから、〝偉い人〟なんて本来いないという感覚だったのだろう。

私がいた頃のソニーは、みんな仲よく、和気あいあいでアットホームな雰囲気……という会社ではなかった。「自分が一番だ」と自信満々の人が多く、役員も社員も互いに批判し合うのが当たり前といった雰囲気だった。そうしてみんなが尖っていたからこそ、革新的な製品を世に送り出し、外国人を相手にグローバルな商売ができたともいえる。

社内のあちこちで批判の声が飛び交うなかで、こと井深さんに関しては、不思議なくらい悪い評判は聞かなかった。馬鹿にしたり嫌ったりする人もいない。むしろ「自分が最も井深さんの考えを理解し、実践している」と自負する人たちが多かった。

なかには「井深さんのためなら死んでもいい」と言うほど敬愛する人たちもいた。若い頃の私は通訳くらいしか井深さんとの接点がなかったから「ずいぶん大げさだな」と感じていた。

井深さんと深くかかわるのは、私が一九九五年にソニーの取締役を辞め、子会社に移ってからだった。

私がソニーを辞めたのは、出井伸之さんが社長になったときだ。大賀典雄さんが社長だった頃、世間では私も次期社長候補の一人に数えられていた。出井さんは私より二歳下で、ソニーでは一年後輩にあたる。前にも述べたように、出井さんは取締役から一四人抜きで社長に抜擢された。常務だった私も追い抜かれた一人だ。

出井さんの社長就任が決まったとき、古参の取締役が「年上の役員がいると、出井さんはやりづらいだろう。みんな辞表を出して後進に道を譲ろう」と提案した。私は「そういうことなら」と賛同し、すぐ辞表を提出した。ところが、実際に辞表を出したのは、私も含めて二名だけだったそうだ。

晴れてフリーの身になったから何をはじめようかと考えていたら、ソニーから「子会社の社長をやってもらえないか」と打診された。「やりませんよ」と断ったら、その子会社はソニーＰＣＬだと言われた。

同社は、映画フィルムの現像やプリントを主な事業としてきた会社で、前身は一九三三年に設立されたピー・シー・エル映画製作所だった。井深さんは戦前、大学卒業後にそこで働いていたことがある。戦時中、同社は吸収合併され、のちの東宝となった。

一九五一年に改めて写真化学研究所（ＰＣＬ）が設立され、一九七〇年にソニー傘下に入った。井深さんは一九九五年の時点ではソニーの最高相談役になっていたが、ソニーＰＣＬのほうは取締役のままで、息子の井深亮（いぶかまこと）さんが専務を務めていた。

「井深さんが、ぜひ郡山さんにソニーＰＣＬの社長を任せたいとおっしゃっています」

そう言われたら、もう断れない。フリーランスはしばらくお預けだと決めて、三田にある井深さんのご自宅へ挨拶にうかがった。

井深さんは当時八七歳で、寝たきりだと聞いていた。ソニーの社長と会うときも、ベッドの上に身を起こして話される、という噂だった。

ご自宅にうかがうと、意外にも応接間に通された。井深さんはソファに腰かけていた。

「いい会社にしてください。よろしく頼みますよ」

井深さんに笑顔で言われ、私は平身低頭するくらい本当に恐れ入った。

井深さんの秘書は、いつものようにベッドで話されるものと思っていたら、「**郡山さんがくるなら、ちゃんと応接間で会う**」と準備されたのだそうだ。胸が熱くなった。「井深さんのためなら死んでもいい」という人たちがいる理由がやっとわかった気がした。

その後は、報告にうかがうとベッドで身を起こして話されるようになった。頻繁（ひんぱん）に会って話すうちに、私もだんだん「この人のためなら死んでもいい」と思うようになっていった。

足腰はだいぶ弱っていたものの、井深さんの頭脳はいたって明晰（めいせき）だった。井深さんらしい先見性や発想の豊かさ、鋭い指摘は少しも衰えていない。会うたびに新鮮な刺激を受けた。

井深さんの誕生日は四月一一日なので、私は毎月一一日に千疋屋（せんびきや）のメロンを贈っていた。しばらく続けるうちに、井深さんが自分で召し上がるのではなく、秘書など周囲の方にメロンをあげているようだと思って贈るのをやめた。するとすぐ秘書から電話があって、「今月はメロンが届いてないとおっしゃっています」と言われ、私は冷や汗をかいた。そういうざっくばらんなところも井深さんの魅力だった。

「無私無欲」で生きる

――イエス・キリストとの類似点

「この人のためなら死んでもいい」というのは、井深さんが大親分みたいに威張っているからではない。ものすごく「何かしてあげたい」という気持ちになってしまうのだ。井深さんが特別何かに困ってるわけではないし、頼りないわけでもない。ただ、見ていると、どうしたわけか、何かしてあげたい気持ちになる。

自分でも不思議だから、私なりに一生懸命に理由を考えてみた。

井深さんは温厚な人柄で、他人の悪口は言わないし、いつもニコニコしていた。仕事には厳しい人だったが、部下を頭ごなしに叱りつけることはない。とはいえ、温厚な人柄だけで、まわりは何かしてあげたいとは思わないだろう。

最大の理由は、**井深さんの言動には「私（わたくし）」がないことだった。**私利私欲というものがまったく感じられない。井深さん本人が得か損かの話ではなく、また特定の誰かに配慮しているわけでもない。強いていえば、**井深さんの頭には「世界」とか「人類」とか「社会」といったことが常にある**ように感じられた。

私は「イエス・キリストはああいう人だったのかもしれない」と思うようになった。

イエス様は、困った人を見れば助けようとする。見返りやお礼は考えていない。そんなイエス様の無私無欲な姿に触れたり、次元が高い考えや発言に接したりすると、まわりの人たちは素直に感動してしまう。だから、自然と何かしてあげたいという気持ちになる。

無私無欲な人は自分が得するように振る舞わない。こういってしまうとイエス様と井深さんに怒られそうだが、無私無欲な人は一見すると生活能力に乏しいようにも思える。だから余計に「尊い人だけど、少し心配。私が面倒を見なくては……」とみんなが力になりたがるのだ。

弟子にとってイエス様は絶対的な存在であり、自分こそが最も大切にしていると思いたくなるのだろう。「私が一番の理解者である」という自負もあるから、当時のソニーのように、弟子たちは互いに仲が悪かったのかもしれない。

営利企業のトップでありながら無私無欲というのは、矛盾だと思われる向きもあるだろう。きれいごとに聞こえたとしても仕方がない。だが、無私無欲たる井深さんの設立した会社が成長し、世界企業へと上り詰めることができたのは、弟子のなかに盛田さんがいたから――そう考えると、矛盾は解消されるのではなかろうか。

二人の役割分担は、業務としては「研究開発は井深、それ以外の経営全般は盛田」となる。しかし私は別の見方から、「胸から上が井深さん、胃袋から下が盛田さん」と表現している。つまり、**経営の哲学やコンセプトといった頭の部分、あるいは志といったハートの部分は井深さん、みんなが食べていけるといった胃袋から下の部分は盛田さん。**小難しくいえば、形而上の部分が井深さん、形而下の部分が盛田さんだ。

盛田さんが、井深さんの思いを実現するために、文字通り世界中を駆け回っていたのが、私はずっと不思議だった。しかし、私自身がソニーPCLの社長になり、井深さんと直に接するようになったことで、「盛田さんは、井深さんの哲学を実現するために動いていたんだな」と改めて理解することができた。

「おもしろい！」と思ったら即行動

――尽きることのない好奇心

井深さんを評して「好奇心の塊」と言う人は多い。何歳になっても、子どもみたいに好奇心が旺盛だった。

井深さんは午後になると、研究開発の部署をブラブラ歩き回った。社員の机を覗き込んでは「これ、何？」と仕事の中身を尋ねる。相手が管理職だろうと新入社員だろうと区別はない。

相手の説明に興味を持つと「おもしろいね」と言って、さらに詳しい説明を求める。イスが空いていたら座り込んで話を聞く。

ほぼ毎日のことだから、社員たちは気にとめないで平然としている。相手が社長だからと立ち上がって挨拶するようなことはない。なかには「ちょっと忙しいんで……」と仕事を続ける者もいた。

私が在籍した頃のソニーは**「社長は偉い」「社長の存在は絶対」という意識に乏しい組**織だった。当の井深さんも、忙しく働く社員から軽くあしらわれたところで機嫌を損ねるようなことはなかった。

なにしろ井深さんは「社内で挨拶は不要」と挨拶を撤廃したほどなのだ。出社したときの「おはようございます」も、帰るときの「お先に失礼します」も言わない。挨拶を返すだけでも、思考が中断して手が止まる。**そんなヒマがあったら、仕事を続けたほうがいい**というのだ。このあたりの合理性は徹底していた。もちろん、上司にお中元やお歳暮を贈ることはなかったし、社員の間で年賀状のやりとりもなかった。

伊藤忠商事では、お正月の仕事始めは女性社員が振り袖を着て出社し、大食堂にみんなで集まって乾杯して解散。挨拶回りに出る人たちもいれば、麻雀して帰る人たちもいた。

ソニーに転職したら正月らしいことは何ひとつなく、工場の製造ラインは八時にスタートして「あけましておめでとう」も言わない。カルチャーショックだった。

ソニー・アメリカでも、盛田さんと私が廊下ですれ違っても挨拶することはなく、お互いに知らん顔だった。

話を井深さんの「好奇心」に戻そう。

私がソニー・アメリカで働いていた頃、ニューヨークに来られた井深さんを空港まで迎えにいったときの話だ。マンハッタンへ移動するクルマのなかで、秘書が余計なことを言った。

「郡山さんはアメリカの新型車を買ったんですよ」

新しもの好きの井深さんは身を乗りだした。

「それはおもしろい。ちょっと見たいな。郡山くん、どこにある?」

「きょうは自宅に置いてあります」

「よし、これから郡山くんの家へ行こう」

井深さんはすっかりその気になって、そのまま私の自宅へ向かおうとする。ニューヨークに着いたばかりで、まだホテルにチェックインもしていないし、わが家も井深さんを迎えるような準備はできていない。私は慌てて「クルマは今度お見せしますから、きょうのところはホテルへ直行しましょう」となだめた。

井深さんはそうやって、おもしろそうだと思ったらすぐに飛びつくところがあった。自分の興味が向かったら、好奇心を抑えられない感じだった。

「おい、あの前を走ってるクルマを追い抜こう」

思いがけないことを言いだすから、一緒にいるとこっちまで好奇心を刺激された。

盛田さんの息子さんによると、盛田さんはアメリカ出張から戻ると、見たことがない新しいおもちゃを買ってくることがあった。子どもたちが大喜びすると、「これは井深さんに見せるんだ」と触らせてもらえなかったらしい。会社へ持っていって、井深さんに披露するのが盛田さんの楽しみだったのだ。

テープレコーダー、トランジスタラジオ、カラーテレビをはじめとして、ソニーが他社とは違う新製品を次々と世に送り出せたのは、井深さんのとどまるところを知らない好奇心が原動力のひとつになっていたからだ。技術者たちも、井深さんの驚く顔を見たがった。新技術、新製品を開発すると、井深さんは子どものように喜んでいた。

井深さんのおもしろいところは、新製品が完成し、これから量産して販売するという段階になると、もう興味を失うことだ。前にも述べたように、工場での量産や販売、広告にはほとんど関心がない。盛田さんたちに任せて、自分はもう次の新製品に目を向けている。金儲けは、自分の仕事だと思っていない。**新技術、新製品によって、困っている人が助けられ、みんなの生活がより豊かになる**ことに最大の意義を見出していた。

私利私欲のない井深さんだから、周囲の人々は井深さんを喜ばせたいと思う。井深さんが喜ぶ製品は、きっと世の中の役に立つと思えるからみんな頑張れたのだ。

井深さんは、九二年に文化勲章を受章した際、次のようにコメントしている。

私は、もはやソニーの経営には直接関与していませんが、ソニーとエレクトロニクスに対する情熱は少しも衰えておりません。新しい技術や魅力ある商品に出合うと、今も私の技術者としての好奇心が騒ぎます。

誰のために働くのか

――すべては日本のため、世界のため

一九四六年五月七日、井深さんは東京通信工業の設立式で次のように挨拶した。

大きな会社と同じことをやっていたのでは、われわれはかなわない。しかし、技術の隙間はいくらでもある。

われわれは大会社ではできないことをやり、技術の力で祖国復興に貢献しよう。

約二〇人でスタートした小さな会社が大企業と競争していこうとする、気概にあふれた挨拶だ。敗戦から九カ月後のことで、焼け野原になった東京は復興がはじまったばかり。**「技術の力で祖国復興に貢献しよう」**という決意は、大げさに聞こえなかっただろう。井

深さんが会社設立の四カ月前に起草した「東京通信工業株式会社設立趣意書」にも「日本再建」の文字が見られる。敗戦直後に起業した人たちに共通の思いだったに違いない。

一九六二年一月の「週報」（社内報）では、井深さんの言葉を次のように紹介している。

皆さん、「ソニーは日本のために」がんばっているといっても言い過ぎだとは思いません。

一九六二年は敗戦から一七年後とはいえ、まだ新幹線は開通していないし、一回目の東京オリンピックも開かれていなかった。日本は戦後復興を終え、国際社会で経済を中心に存在感を示すようになってきた時期だ。二年前の六〇年に日本はカナダを抜いて世界第五位の経済大国となり、カナダを抜いた八年後には西ドイツを抜いて世界第二位となる。ソニーも六〇年にアメリカ法人を設立している。

井深さんの「日本のために」という想いは、戦後三〇年たっても変わらなかった。七六年の創立三〇周年にあたって、次のように語った。

いかなる事態が起きようとも、ソニーを愛する人たちによって、このソニーは守られていくのです。そこにこそ、真の繁栄があり、日本の国益もあるし、世界中の人の文化の向上にも資することができると思います。

さらに一五年後の九一年に、八三歳の井深さんは「タイムズ」(社内報) でこう語っている。

社会への貢献は、儲かったからやるということじゃなしにね。税金と同じで、ある程度のものは負担しなきゃならないんだという覚悟を決めておかなきゃならない……儲からなくても国を維持していくための、われわれの義務であり、世界に対する責任なんです。

井深さんは、**自分たちが働くのは「日本のため」であり、「国益」「国を維持すること」が目的**だと説明していた。その先には「**世界中の人の文化の向上**」や「**世界に対する責**

任」があるという考えだ。

「井深教」の信者たちは「井深さんのために」と働いていたかもしれないが、当の井深さんは日本のため、世界のために働いていたということだ。井深さんから見たら「会社のために」「上司のために」といった目的意識はナンセンスだろう。ましてや「自分のため」などは論外だ。

もちろん、設立趣意書に掲げた「自由闊達にして愉快なる理想工場の建設」を実現するには、まず個人が尊重されて、自由に楽しく働ける環境であることが極めて重要になる。私の知る「組織としてのソニー」は、あくまで「個」を大切にする姿勢が貫かれていた。

アメリカに進出した、本当の理由

――「モチベーションは復讐」という誤解

井深さんが働く目的を「日本のため」と定め、ソニーがアメリカ市場を席巻したからといって、井深さんが「敗戦の恨みを晴らすために頑張った」と解釈するのは正しくない。

実は私も、ソニーがアメリカ市場に打って出たのは、井深さんと盛田さんの復讐戦だと考えていた時期があった。二〇〇一年に『ソニーが挑んだ復讐（リベンジ）戦―日本再建の軌跡』（プラネット出版）という本を上梓したくらいだ。

太平洋戦争で敗れたから、なんとしても経済戦争で勝ってみせる――井深さんのモチベーションをそう想像したのは、私自身の思いを重ねたところがあった。

太平洋戦争がはじまったのは小学生になった頃で、鹿児島県の指宿（いぶすき）にあった生家はグラマンの機銃弾で穴だらけ。小学校の校舎はロケット弾で吹き飛び、担任の老先生が即死した。私自身も機銃掃射を受けたことがある。一〇歳で終戦を迎えたとき、心の奥で誓ったのは、日本の社会を否定した外国に報復することだった。少なくとも、個人の立場で借りを返したかった。

戦争で亡くなった人たちの仕返しをしなければ、私が生きながらえた意味がない。そのために身体を鍛え、外国語を勉強し、復讐のチャンスを待とうと心ひそかに誓った。海を見つめながら「いつかきっとアメリカへ行ってやる」と決意した。英語を必死に勉強し、新設のミッションスクールだったラ・サール高校に入学し、一橋大学に進んだ。私自身が復讐戦に挑んだから、大人たちもきっと同じだろうと考えていた。

しかし、実際はどうだろうかと思う。一〇歳の軍国少年だった私と違って、太平洋戦争がはじまったとき、井深さんは三三歳の優れたエンジニアだった。敗戦の悔しさ、恨み、リベンジといった話を井深さんからは聞いたことがない。ただひとつ耳にしたのは「日本が敗れたのは、もちろん軍部のせいだが、われわれ民間も技術力が足りなかった」という反省だった。

井深さんがいう「国のため」「日本のため」は、日本に住む人すべてのために働くという意味だ。終戦直後であれば、「**日本人の暮らしを少しでもよくしたい**」「**技術力で日本を再建したい**」と考える。戦後復興が進んでからは、エレクトロニクス製品でさらに日本人の暮らしを豊かにしようと考える。戦争に敗れた相手に復讐や仕返しを思いつくのは井深さんらしくない。

終戦時に二〇代の海軍中尉だった盛田さんにリベンジ精神があっても不思議はない。しかし三七歳の井深さんは、まずは日本の再建、次に世界への貢献をすでに考えていたのだろう。

スティーブ・ジョブズの心をつかんだ「井深イズム」

――「誰もやらないことをやれ」

東京通信工業の設立式で語っていたように、井深さんは約二〇人の小さなベンチャー企業が大企業に勝つには「技術の隙間」を見つけていくしかないと考えた。つまり、はじめから技術革新によって他社にない製品、ソニーらしい製品をつくるというニッチ戦略が基本方針だった。しかも早い時期から、競争の土俵は、巨大なアメリカ市場だと見定めていた。

私がアメリカ法人にいた一九六六年四月の社内報に、次のような井深さんの言葉が載っている。

ソニーが今度は何を出すだろうということは、米国のエレクトロニクス業界だけでなく、大きくいえばアメリカ人全体の期待を受けているような気さえします。
なぜソニーはそんなに大きく期待される様になったかといいますと、まず第一に、ソニーは人の真似をしないということでしょう。第二には、なんでもかんでも作るというのではなく、出すからには人々にピンとくるものをピンとくる様な方法で出すということでしょう。

たしかに当時のソニーは、他社の真似ではない製品を人々がピンとくる方法で売り出し、アメリカ市場で存在感を高めていった。経営トップの井深さんが解説しているのだから間違いない。

井深さんは「**誰もやらないこと**」**にとにかくこだわった**。商売人の発想ではなく、根っからの発明家なのだ。大学時代に発明した「走るネオン」は、パリ万国博覧会で優秀発明賞を受賞したのだから天才発明家といってよい。トップが「誰もやらないこと」を第一義に掲げたら、技術者たちは常に技術革新を求められる。

井深さんは八九年に「文化功労者」に選ばれ、表彰を祝う会の挨拶で次のように語った。

思い起こせば、トランジスタにしてもトリニトロンにしても、私は何も知らなかったわけで、それゆえ皆さんになんとかよそがやっていないものをつくろうと、だだっ子のように無理難題を押しつけてきました。その無理難題を皆さんは真正面から受け止めて、気持ちを一つにしてやり遂げてくれました。ほんとうにどれだけ苦労をかけたかわかりません。

他人がやらないこと、**他社がやらないことは大きな苦労が伴う。誰かの真似に比べて、失敗したときのリスクも大きい。**井深さんは、それでもオリジナリティは追求すべきだと社内報で語っていた。

いつの世になっても通用するのは、人のやらないことを苦労してやっていきましょうということだな。苦労しときさえすれば、その時は苦労でも、それが後になって必ずものを言うんだよね。(九〇年五月「タイムズ」)

井深さんが文化勲章や勲一等旭日桐花大綬章に値するのは、〝世界のソニー〟を育てたことだけではない。電子産業をはじめとする日本製造業の振興に大きく寄与した功績が含まれている。

日本の電子産業は八〇年代から九〇年代にかけて世界をリードし、自動車業界より大きかった時期もある。ソニーは日本の電子産業に少なからず貢献した。

ソニーはテープレコーダー、トランジスタラジオの時代から、部品を発注するメーカーに自社の技術を公開した。ソニー製品の部品を製造しながら成長した大企業は一社二社ではない。

部品メーカーを育てたのも「井深イズム」のひとつだ。もちろん、部品メーカーが増えればソニーにとってもメリットがあり、ウィン-ウィンの関係を築いていった。八〇年代に「ジャパン・アズ・ナンバーワン」といわれた日本企業の躍進は、井深さんが大功労者の一人といっていい。

影響を与えたのは国内企業だけではない。

例えば、**アップル創業者のスティーブ・ジョブズも強く影響を受けた一人**だった。ジョブズに、「井深イズム」を伝えたのは盛田さんだ。

ジョブズがソニーをリスペクトし、盛田さんと仲がよかったことはよく知られている。私が厚木工場にいた頃、盛田さんから電話があって「今、スティーブ・ジョブズがきてるんだけど、工場が見たいというから案内してくれ」と言われた。あのジョブズがくると聞いて、みんな舞い上がった。エンジニアにとっては神様みたいな存在だ。

私は三時間ほどかけて技術部門や製造ラインを案内した。ジョブズは、しきりに「興味深い」と感心していた。

ソニーの社員がみんなフレンドリーで、ジョブズが近づいても気にせず仕事を続けることに驚いていた。強制されている様子がなく、自主的に働いているように見える。みんなが仕事を楽しみ、しかも製品がちゃんとできるのだから、理想的な工場だと褒めてくれた。設立趣意書の〈自由闊達にして愉快なる理想工場〉を知っていたかはわからないが、彼が感心したのはまさに井深さんのビジョンが実現している点だった。

のちに私はアップルの工場を見学させてもらった。厚木工場を案内したお返しだ。非公開だったプログラミングのソースコードもすべて教えてもらった。ソニーへのリスペクトがそれだけ大きいことを感じた。

スティーブ・ジョブズといえば、二〇〇五年にスタンフォード大学の卒業式で語ったスピーチが思い出される。彼は次の言葉を引用して締めくくっている。

〈Stay Hungry. Stay Foolish.（常に飢えてあれ。常に愚かであれ。）〉

私はこの名スピーチを聴いたとき、厚木工場を見学してしきりに感心する彼の姿が目に浮かんだ。「井深イズム」に通じると思えたからだ。

ジョブズたちがコンピュータを手がける際、企業向けの大型機でなく、個人用のパーソナルコンピュータにこだわったこと。一社に一台が、やがて一家に一台、一人一台になること。「ウォークマン」のように家に置いてあるものがどんどんコンパクトになり、持ち歩けるようになること。開発者の個性や自由な発想が、人々の心をつかむこと。それが世の中に広まるまでやめないこと。

世界に広まったジョブズのコンセプトは、ソニーのコンセプトであり、「井深イズム」

だと私には思えてならない。

ジョブズは、盛田さんという「井深教」の実践者を通じて「井深イズム」を吸収し、自分の製品づくりや経営に役立てたのだろう。

アイフォーンやアップルウォッチを見るたびに、井深さんの笑顔が思い浮かぶのは私だけだろうか。

過去にとらわれる会社に、未来はない
――時代が変われば、経営も変わる

ソニーの歴史を語るとき、井深大の「設立趣意書」は欠かせないアイテムとなっている。この会社の存在理由、存在意義について、創業者の井深さんがちゃんと言語化しているからだ。

設立後の成長を追うと、「設立趣意書」のコンセプトが実現されていく過程であることがわかるだろう。経営学者たちが、明確なビジョンを描いて実現していく〝ビジョナリー・カンパニー〟のモデルケースだというのも無理はない。「設立趣意書」をソニーという建物の基礎部分だと位置づける言説は数多い。

ところが、ソニー社内で「設立趣意書」について語られることはほとんどなかった。まったく聞いたことがない社員がいても不思議ではないほどだ。

私自身が「設立趣意書」の存在を知ったのは一九八八年のことだ。経営戦略本部の本部長に任命され、自社の歴史を知っておこうと調べていたら「設立趣意書」が出てきた。私が五〇歳を過ぎてからの話だ。社是社訓もまったく見たことはなかった。

昭和の時代は、社是社訓を額に入れ、朝礼などで唱和する会社は珍しくなかった。社歌も毎日のように聴いたり歌ったりする会社があった。

井深さんは「おはようございます」の挨拶さえ、時間がもったいないと禁じるくらいだ。朝礼などやらせるはずがない。社是社訓を唱和させたら、社員の自由闊達が損なわれることになる。個人を尊重し、社員の頭や心に踏み込むことが嫌いな井深さんだ。自分のことばを額に入れ、壁に掲げるような真似は考えたこともなかっただろう。

井深さんにすれば、「設立趣意書」は社員に読ませるものではなかった。机の引き出しかどこかにしまってあったのを盛田さんが見つけたらしい。ソニーの原点を語るお宝が発掘されたわけだ。私が五〇歳過ぎまで存在を知らなくてもバチは当たらないだろう。

ただ、井深さん自身が「設立趣意書」について語るのを一度だけ目撃したことがある。

ある会議で、ソニースピリットについて話していたら、参加者の一人が「設立趣意書こそがソニースピリットですよ」と言った。

すると、井深さんが笑い飛ばした。

「あんなものを大事にする会社に未来はないよ」

設立趣意書をまとめたのは、終戦から半年もたっていない頃だ。戦時中は軍需工場での仕事ばかりで、思うままに製品開発ができなかった。だから〈自由闊達にして愉快なる理想工場〉というビジョンを掲げる意義もあった。しかし、時代は変わった。「いつまでも趣意書にこだわる必要はない」「後生大事に守っていくようなものじゃない」――そう言いたかったのだろう。なんとも井深さんらしいコメントだった。

井深さんは時代の変化に敏感で新しもの好きだ。未来志考の井深さんにすれば、設立趣意書は遠い過去のものだったに違いない。

ソニーの製品や事業は、ずっと時代の先端を走ってきた。テープレコーダーやテレビなどの機器もあれば、音楽や映画といったソフトもある。保険、銀行などの金融業にも進出した。**「今求められているものは何か」**を見極め、未知の世界に飛び込むのがソニースピリットだろう。

一九九五年に社長となった出井伸之さんは、ある意味で「井深イズム」の継承者だった。出井さんは「リ・ジェネレーション（第二創業）」を打ち出し、新しいソニーへの出発を印象づけた。キャッチフレーズは「デジタル・ドリーム・キッズ」。九五年はネット時代の幕開けであったし、翌九六年にソニーは設立五〇年を迎えた。経営戦略は〝ものづくり〟から〝コンテンツ重視〟へと転換することになる。

出井さんは「ソニーらしさを破壊した」と言われることがある。しかし八〇年代から九〇年代にかけて起きた東西冷戦の終焉やデジタル革命に対応するためには、過去五〇年のソニーと決別する必要はあっただろう。

井深さんが言ったように、過去にとらわれる会社に未来はない。時代の変化を先取りするのが「井深イズム」であり、ソニースピリットであるなら、出井さんの方向転換はソニーらしいと評価されていい。井深さんは出井さんの社長就任を歓迎しただろうと私は思っている。

働き続けても、老害にはならない
――晩年の井深大

井深さんは六三歳でソニーの会長に退き、五年後には名誉会長になった。私がソニーPCLの経営に携わるようになり、毎月お会いしていた頃は、ファウンダー（創業者）・最高相談役だった。

井深さんが私とのミーティング中に、ソニー本体の経営について何か話されたことは一度もない。私のほうで「最近ソニーは……」と話題に出しても、われ関せずといった顔だった。

「ソニーの未来は、新時代の若者に任せている。潰れようがどうしようが、私は一切口を出さない」

そう宣言した井深さんは、ブレることなく姿勢を貫いた。自ら起業して育てた会社であろうと、いったん他人に任せた以上は手を出さない。口さえ挟まない。けなすことも褒めることもない。何か言えば、噂ばなしで経営陣の耳に入るかもしれないのだから。

井深さんは老害と無縁だった。人生の前半戦と後半戦をしっかり分け、頭を切り替えることが完璧にできていたのだろう。

後半戦のチャレンジは、ソニーとは別のところにあった。

ソニーの名誉会長になってからは、発明協会や日本オーディオ協会の会長、国鉄の理事など、社外の活動に軸足を置いた。幼児教育についての本も書いた。

ただ、私が社長、会長を務めたソニーPCLだけは特別で、井深さんは亡くなるまで取締役だった。私が月次報告にうかがうと、井深さんはベッドに横たわったまま、目を閉じて聞いておられた。

あるとき報告が終わっても目を閉じたままなので、眠ったのかと思ってそっと部屋を出ようとしたら「まだ話は終わってないよ」と呼び止められ、ゾッとしたことがある。私が知る井深さんは、最後まで頭脳明晰だった。

第3章

盛田昭夫の「働き方」

「天性の人たらし」の素顔

井深の「やろう」を取り消して歩くのが仕事

——「戦略」と「戦術」という役割分担

「**技術の井深、販売の盛田**」と表現されることがある。

井深さんが研究開発だけ見ていたのは確かで、盛田さんが製造、販売、経理などその他の部分を担っていたのも間違いない。ただ、私には「技術の井深、販売の盛田」がどうもしっくりこない。井深さんと盛田さんの関係や役割の違いは、それほど単純ではない。当時の社員にもわかりにくかったから無理もない。

「井深さんの約束を取り消して歩くのが、わしの仕事だよ」

盛田さんがそう言ってゲラゲラ笑ったことがある。

井深さんは社外で技術や製品のアイディアを聞くと、「おもしろい！　ぜひやりましょう」と製品開発や技術提携を約束してしまうことがあった。天才技術者だから、興味がおもむくまま、その場で話を決めてしまう。お金とか法律とか、その他で起こる問題は想定していない。何か問題が起これば、対応するのは盛田さんだ。転ばぬ先の杖で、井深さんの約束を取り消して回っているのだと冗談めかして言っていた。

実際、井深さんが社外の人と話を決めてしまい、関係者が動きだしてから、われわれも「何かはじまったみたいだぞ」と気づいたことがある。詳しく聞いてみると、とても実現できるようなものではない。これは大ごとだと盛田さんに相談すると、「わしが先方を説得してくる」と中止の交渉に出かけていった。

社内のことは、盛田さんがほぼ一人で仕切っていた。お金が出ていくときは盛田さんの承認が必要だったし、人事や組織も盛田さんが握っていた。井深さんが社外で「うちの会社にきなさい」と誰かをスカウトしても、盛田さんがしっかりスクリーニングしていた。

新製品にしても、もろもろの最終判断は盛田さんが下していた。井深さんと技術者たちが手がける開発には参加しないが、試作品が完成したら、盛田さんが量産して発売するかどうかを検討していた。盛田さんのゴーサインが出なくてお蔵入りした製品も当然あった。だから「井深さんはやる気だったのに、盛田さんが潰した」といった不満は技術者連中からよく聞かれた。彼らからすれば、開発の苦労が水の泡になったのだから、盛田さんに反感を抱いたとしてもやむを得ないだろう。

盛田さんがヒール（悪役）として語られることは、社内でも社外でもよくあった。理由のひとつは、**盛田さんが一貫して井深さんの責任にはしなかった**からだ。

だから、盛田さんから井深さんの悪口だけは一度も聞いたことがない。「井深さんには弱ったな」などの不満を口にすることもなかった。

何があろうと、井深さんのことは金輪際悪く言わないのが盛田さんだった。たとえ井深さんに落ち度があっても、盛田さんは口にしない。言い訳しないまま、自分への悪評は放置しておく。だから、結果的に憎まれ役になっていたところがある。

井深さんが語る夢をすべて具体化するのは、実際のところ不可能だ。そのため、**盛田さんが時流やビジネス的な側面を勘案しながら取捨選択する**しかない。井深さんも盛田さんの判断を信頼して、開発以外の部分はおおむね任せていたのだ。

盛田さんの仕事は、井深さんのコンセプトを実現していくことだった。**井深さんの視座が戦略なら、盛田さんの視座は戦術**といってもいい。前にも述べたように、井深さんが胸から上なら、盛田さんは胃袋から下。井深さんが形而上なら、盛田さんは形而下。井深さんがイエス様なら、盛田さんは弟子のパウロ。二人の関係と役割は、私の目にはそのように映っていた。

盛田さんが社内のことをほぼ仕切っていたといっても、意思決定することを許されていたのは、井深さんから任されていた部分だけだった。井深さんと意見が対立すれば、盛田さんのほうが折れるしかなかった。そもそも、井深さんは理屈を並べて説得できる相手ではない。さらに、たとえ井深さんの考えであっても、失敗に終われば泥をかぶるのは盛田さんだった。「悪かったのはわしだ」と口にするのみで、社内外で悪評が立っても平然としていた。

そんな二人の関係性を示す代表的な事例といえるのが、ベータマックス対VHSのいわゆる「ビデオ戦争」だろう。

あえて引き受けた「悪者」という役回り

――「ビデオ戦争」の真相

ソニーがベータマックスの家庭用ビデオデッキを発売したのは一九七五年のこと。一方、日本ビクター（現・ＪＶＣケンウッド）がＶＨＳの家庭用ビデオデッキを発売したのは、その翌年（七六年）だった。ベータマックスの登場、そしてヒットにより、家庭用ビデオ市場は急速に拡大していった。

ベータ方式は画質がよく、カセットテープが文庫本サイズで小さかった。当初は、カセットテープ一個の録画時間が一時間だった。対するＶＨＳ方式のほうは、カセットテープが大きい代わりに録画時間は二時間。ビデオデッキが軽量で、カセットテープの値段が安いことなどが特徴だった。

ベータ方式はソニーを中心に東芝、三洋電機、ＮＥＣなどが販売し、ＶＨＳ方式は日本ビクターを中心に松下電器（現・パナソニック）、シャープ、三菱電機、日立製作所などが販売した。家電業界が両陣営に分かれて競ったから「ビデオ戦争」と呼ばれた。

当初はベータ方式のほうが普及していたが、松下電器のヒット商品「ナショナル・マックロード」などもあって、七八年度にはＶＨＳ方式が生産台数で追い抜き、八〇年にはビデオソフトのシェアも追い抜いた。

私は、「ビデオ戦争」が熾烈だった当時のソニーは知らない。七三年にいったんソニーを辞めて米シンガー社に転職し、八一年にソニーに戻ったからだ。

シンガーは松下電器から見たらお得意様で、私が門真の本社を訪問すると、下にも置かないもてなしを受けた。松下正治さん（松下幸之助さんの娘婿）主催で昼食会を開いてもらったこともある。

「ビデオ戦争」の頃、松下電器の担当者と雑談していたら「郡山さんは元ソニーですよね。何を担当されていましたか？」と尋ねられた。私はソニー・アメリカで業務用ビデオを販売していたから「ビデオです」と答えた。

「そりゃあ、ソニーを辞めてよかった。ソニーのビデオはもうダメですよ」

私にはとても信じられなかった。当時はソニーに戻る気などまったく持っていなかったが、相手の言い方にカチンときた。別れた女の悪口を言われたみたいで、私まで侮辱されたように聞こえたのだ。このやりとりは数年後、ソニーに復帰した私が松下電器と競争して徹底して打ち負かそうとする強いモチベーションになってしまった。

私がソニーに戻った頃、世間では「ＶＨＳ勝利」の見方が広まっていた。八四年にソニーは、新聞の全面広告を四日連続で打った。大きな文字のキャッチコピーだった。

「ベータマックスはなくなるの？」

「ベータマックスを買うと損するの？」

「ベータマックスはこれからどうなるの？」

「ますます面白くなるベータマックス！」

ソニーはベータマックス事業から撤退しない、今後も技術開発を継続する、というメッセージは注目を集めた。ベータマックスを支持するユーザーは安心しただろう。その一方で、ビデオ戦争での敗北をわざわざ広めて逆効果だったという批判の声もあった。家庭用ビデオに直接かかわっていない私は、苦肉の策だと思って見ていた。

ベータ陣営だった会社が、ＶＨＳのビデオデッキを併売するようになり、やがて完全にＶＨＳへと鞍替えしていく。ついにソニーも八八年にＶＨＳのデッキを販売するようになり、事実上のベータ撤退となった。七八年に生産台数で負けてから一〇年後のことだ。

盛田さんがベータ方式で戦えると粘ったのが最大の敗因、というのが大方の見方だった。盛田さん自身も「わしの判断が間違っていた」と語ったと社内で伝わっていた。

当時のソニーは盛田会長、大賀社長が経営の中心で、井深さんは七六年に名誉会長に退いていた。ＣＥＯ（最高経営責任者）の盛田さんが判断を誤ったと認めたのは当然のように見られていた。

ただ、私には腑（ふ）に落ちない点がいくつかあった。盛田さんは市場の動きに敏感だ。旗色が悪くなってから一〇年以上も頑張るのは盛田さんらしくない。盛田流のビジネスなら素早く二方式の併売に舵を切り、ＶＨＳでもソニーらしさを発揮できたのではないだろうか。

ビデオ戦争が過去の話になった頃、ビデオ規格の担当者に私の疑問をぶつけたことがある。彼は重要な会議に参加していたからだ。

「あのとき、盛田さんがベータにこだわり続けたのはなぜでしょうかね？」

「君たちが考えているのとは違う理由だよ」

「盛田さんの判断じゃないとしたら誰でしょう。大賀さんが決めるはずはないし……井深さんですか？」

私の問いに、彼はニヤリとした。

「わかってくれると思うけど、真相は墓場まで持っていかなくちゃならん」

彼はイエスともノーとも断言しなかったが、意味ありげな表情から「やはり井深さんだったか」と確信した。

私は前々から、ソニーがベータ方式に固執したのは、井深さんの意向が強く反映していたのだろうと考えていた。井深大の思い描く世界観——「**井深イズム**」**においては、製品はより小さく、より高品質、より高密度な方向へ進んでいく**と考える。ソニーがベータ方式からVHS方式へ移行してしまえば、井深さんが考える技術の進歩と逆方向になってしまう。井深さんとしては、ソニーらしくないと思ったのだろうと想像できた。

さらに、VHS方式の技術主幹は日本ビクターであり、二番手が松下電器であることもソニーにとってはやりにくい座組だ。VHS方式で新技術を開発しても情報共有を求められたり、他社と足並みを揃えたりすることが求められる。ベータ方式のようにソニー独自で技術革新を進め、新製品を発売することが難しくなるのだ。つまり「他社がやらないことに挑戦する」というソニースピリットが発揮しにくくなる。

長年の疑問が一気に氷解する思いだった。

井深さんがＶＨＳへのシフトを断固拒否すれば、盛田さんにはどうすることもできなかっただろう。「わしが判断を誤った」と泥をかぶり、余計なことを言わなかったのも理解できる。もし本当に盛田さんが判断したのであれば、誰もが納得する理由をいくらでも並べてくれたに違いない。

盛田に学んだ「危機管理術」

――指揮官先頭、率先垂範

ソニーが過去に撤退した製品、事業はベータマックスのほかにもある。ソニースピリットを発揮して他社がやらないことに挑戦すれば、失敗する事業も多くなって当然だろう。

盛田さんは危機的状況に陥ると、自ら陣頭指揮をとるのが常だった。真っ先に飛び出して火消しに当たる。部下に任せて逃げだすようなことはなかった。

日本の海軍は「指揮官先頭、率先垂範」が伝統とされていた。山本五十六（いそろく）の「やってみせ」は、このポリシーを噛み砕いたものだ。

元海軍中尉の盛田さんは、ビジネスでも「指揮官先頭、率先垂範」が基本だった。危機対応の要諦は「**とにかくトップが陣頭指揮をとり、二次災害を防止すること**」と話していた。

ある製品がトラブルで炎上すると、ほかの製品や事業に飛び火し、やがて全社が火だるまになることがある。経営陣がトラブル対応に追われている間に、ほかの事業がおろそかになって別のトラブルが発生することもある。

だから、**被害が広がらないように早い段階で手を打つ。危機を封じ込めることに成功したら、再発防止策に早急に取り組む。**これが基本だ。

盛田さんはトラブルに慌てることなく、いつも落ち着いて対処していた。

最初のカラーテレビを発売した直後、購入者から「映らないぞ！」という苦情を受けた。すぐに修理担当を派遣すると、まもなく別の購入者からも同様の苦情が入った。苦情の数は日に日に増えていく。販売担当の私たちは「どれだけ苦情が殺到するんだ」と慌てふためいた。私たちが右往左往していたら、盛田さんは「何も心配はいらない。君たちが騒ぎだす頃には、わしはもう手を打ってある」と落ち着き払っていた。

のちに私はサービス本部長を務めた時期がある。数えきれないトラブルやクレームに対応していると、たしかに盛田さんの言う通りだと実感した。被害がよそへ燃え広がる二次災害を防ぐために、サービス本部長の私が飛んでいってひたすら謝る。この段階では今後どう対処するかについては触れず、とにかく二次災害が発生しないように、被害を最小限に抑え込む。その間に次の手を打つのだ。

盛田流の危機管理は、現在私が代表を務めるCEAFOMを起業してからも役立っている。当社のエージェントがトラブルを抱えたら、私を含めた経営陣がすぐに引き取る。当人を咎めることもしない。慣れないトラブル対応に時間をとられるより、本来の業務で一件でも多く成果をあげてもらったほうがいい。

ビデオ戦争の敗北が色濃くなって新聞広告を打ったのも、ベータマックスのユーザーやソニーのファンが離れていくという二次災害の防止策だった。家庭用ビデオのシェア競争で敗れたとしても、テレビやテープレコーダーまで売上が下がるのは困る。ユーザーやファンに「大丈夫ですよ！」とメッセージを送って被害の拡大を抑え込んだのだ。

「**失敗は失敗として認め、とらわれることなく知らん顔をしていろ**」と盛田さんは言っていた。盛田さんが好きだったゴルフにたとえるなら、「ミスショットを悔やんでもしょうがない。もう終わったこと」といったところか。

被害を抑え込む間に、次の手を打つのが盛田流だ。新聞広告のキャッチコピーとは裏腹に、ベータマックスから技術者、設備などのリソースを引きあげて別の新分野に投入した。手持ち式ビデオカメラの統一規格となる「８ミリビデオ」だ。

家庭用ビデオで勝利した日本ビクターや松下電器はＶＨＳテープを小型化したＶＨＳ-Ｃ規格を進め、ビデオカメラでも規格争いになった。今度はソニーが主導した８ミリビデオのほうが普及し、世界一二七社の統一規格となった。リベンジを果たしたわけだ。

さらにソニーは、ＤＶＤなどの光ディスクにデータ保存ができるように技術を進めた。ベータにこだわる一方で、独自の技術開発を諦めなかったことが功を奏したのだ。見事な復活だった。

ビジネスはうまくいかないのが当たり前
──ソニーを大会社に育て上げた「マイナス思考」

私は、ほかにも盛田さんの危機対応を近くで目撃した。予期せぬ事態に慌てたりパニックに陥ったりすることもなく、傍目には冷静かつ合理的に対処しているように見えた。

盛田さんは、私が知るほかのリーダーたちとはメンタルがずいぶん違った。ストレス耐性が並外れて強く、危機や逆境にも平然としているように見えた。盛田さんは技官だったから、海軍で鍛えられたわけでもなさそうだった。

盛田さんが危機や逆境に強かったのは、基本的にマイナス思考だったからだ。「**ビジネスに失敗はつきもの**」「**うまくいかないのがビジネスの本質**」が前提だった。

ビジネスには常に相手が存在する。顧客、競合会社、提携先など外部の相手もいるし、上司や同僚、部下といった内部の相手もいる。相手のあることは、思い通りに進むほうが稀有（けう）なのだ。**「たまにうまくいく、少しうまくいくのがビジネスだよ」**と盛田さんは話していた。

さらに盛田さんからは「世界はフェアじゃないから……」といった指摘も何度かうかがった。「なんてネガティブなのだろう」と驚くくらい、はじめから環境に期待していなかったのだ。

アンフェアな世界に生きていれば、ひどい目にあって当然。盛田さんからすれば「ショックを受けたり嘆いたりするヒマがあったら、冷静かつ合理的に対処する方法を早く模索するべき」という話でしかないのだろう。

とくに海外ビジネスは、何が起こるかわからない。日本人から見てフェアじゃないことが次々と起こるし、日本の常識で文句を言ってもはじまらない。「ビジネスはフェア精神が前提だ」というきれいごとも通用しない。

相手のアンフェアな言い分には従わず、徹底的に戦う。しかも、自分はあくまでフェアに戦おうとしたのが盛田さんだった。知恵を働かせ、利用できるものはなんでも利用し、うまく戦って勝つから値打ちがある——そういうスタンスだった。

海外だけでなく、国内のビジネスでも事情は変わらない。

盛田さんは「**ビジネスでは誰も信用しちゃいかん**」が口癖のひとつだった。約束したつもりでも、相手は気が変わるものだし、自己の利益を優先する。「**相手を責めるのは間違いだ。信用してだまされるほうが悪い**」

「ビジネスでは誰も信用するな」は、おそらく盛田さん自身がさんざんだまされた結果、辿り着いた教訓なのだろう。

「わしが最もひどくだまされた相手は（松下）幸之助さんだ」

盛田さんは笑いながら話していた。「井深イズム」がビデオ戦争においてソニー敗北の一因となったことも然りである。

日本ビクターでＶＨＳ方式が完成する前、盛田さんは松下電器もベータ方式を採用するように幸之助さんを口説いていた。しかし幸之助さんは完成したＶＨＳを見て、「ベータマックスは一〇〇点の方式だが、ＶＨＳは一五〇点だ」と言って後者を採用した。松下電器とソニーはクロスライセンス契約を結んでいたから、その後にソニーがベータマックスで二倍以上の時間を録画できる技術を開発すると、松下電器はＶＨＳにその技術を応用して発表した。そうなっては、ソニーに勝ち目はない。

だからといって、盛田さんは幸之助さんのことを恨んではいなかった。約束したつもりでも、相手はすぐ翻意するし、どう立ち回れば自分の利益を最大化できるか、目ざとく計算するもの。「信用してだまされるほうが悪い」のだ。盛田さんに言わせれば、「このわしをあそこまでだましたのだから、幸之助さんはすごいビジネスマンだ！」ということなのだろう。

世界はアンフェアであり、誰も信用できない、というマイナス思考が、実は盛田さんの強みだったと私は分析している。**ビジネスを甘く見ないから、常に最善を尽くして、高い成果が出せた**のだ。

去る者は追わず、未来の財産にせよ
——頭の切り替えは、早ければ早いほうがいい

「設立趣意書を大切にする会社に未来はない」と言った井深さんと同様に、盛田さんも未来思考だった。私が二人に感じた共通点のひとつだ。「**過ぎたことは考えてもしょうがない**」とすっぱり割り切れるのが盛田さんだった。

盛田さんの過去にとらわれない性格は、一緒にゴルフやテニスをプレーするとよくわかった。

盛田さんはゴルフでもテニスでも、ミスショットをほとんど気にしなかった。ふつうの人なら「しまった！」と動揺するし、ミスを繰り返すまいと原因を探ろうとする。盛田さんが「しくじった！」という表情になるのはほんの一瞬だ。くよくよ考えることがない。次のプレーにすぐ気持ちが移る。頭の切り替えが早いのだ。ミスを怖がらないから、いつ

も思い切ったショットが打てる。「仕事の姿勢と同じだなぁ」と私は感じていた。

盛田さんにとっては、ベータマックスで敗北したことよりも、そこで蓄積された経験や知見を8ミリビデオや光ディスクの展開につなげるほうがはるかに重要なのだ。

部下を評価するときも、失敗はあまり気にしなかった。チャレンジしていれば、失敗して当然だと考える。むしろ「**失敗を怖がってチャレンジしないほうが大問題**」という姿勢だった。

井深さんも盛田さんも、減点法の評価が好きではなかった。合理的なのだ。アメリカでは、倒産経験が多い経営者ほど大きな成功を期待されるというのに似ている。

人事評価が減点法でない会社は、失敗が出世の妨げにならない。例えば技術者は、売れそうもない製品の開発に熱中し、失敗から新技術、新製品を生み出していく。

未来思考では、社員が辞めていくことも大した問題ではない。私はソニー・アメリカにいた頃、盛田さんから「部下が辞めたいと言ってきたら、引き止めなくていい」と言われていた。

アメリカではヘッドハンティングや転職が当たり前だから、「あの会社から二割ほど高い給料を出すからこないかと誘われている」といった相談を部下から受けることが少なからずあった。これはすなわち「ソニーが同じくらいの給料を払ってくれるなら転職しないよ」と暗に賃金アップを求める意図も含んでいる。

盛田さんが「引き止めるな」と言ったのは、そうした交渉に応じないということだ。「あなたをそれだけ高く買ってくれる会社があるなんて素晴らしいですね。ソニーは貧乏で申し訳ない。こちらのことは気にせず、今すぐ荷物を片づけて出ていってください」と、最後にはまるでクビを切るみたいに断ってしまうのだ。ただ、むやみに恨みを買う必要はないから「もし新しい会社で困ったことがあったら、いつでも相談にきなさい」と笑顔で握手することも忘れない。

私がソニーを一度辞めたときも、盛田さんの対応はこの通りだった。

転職のきっかけは、子どもが大きくなったことだった。アメリカに九年いてそろそろ日本へ帰りたいと考えていた頃、シンガー社で日本法人の社長を探していることを知った。アメリカ企業で腕試しすることにも興味があった。

私は当時、ソニー・アメリカの業務用機器担当のナンバー2だった。

シンガーから採用通知が届いてから、私はソニー・アメリカの社長だった岩間和夫さん(いわまかずお)に辞表を提出した。岩間さんは嫌な顔もしないで「盛田さんに連絡しておくよ」と言ってくれた。総支配人や同僚にも報告した。「馬鹿なことをするなあ」という反応だけで、引き止めようとはしない。「残念です」と口にしてくれたのは直属の部下と仕事仲間のアメリカ人たちだけだった。

その晩、盛田さんから自宅に電話があった。実に明るい声だった。

「郡山くん、話は聞いたぞ。来週そっちへ行くから、それまで何もせんで待っていてくれ。ええかな」

「はい、わかりました」

翌週、五番街に新しくできたソニーのショールームで盛田さんに会った。例によってにこやかで、いかにも上機嫌だった。まるで「結婚します」とか「子どもが生まれました」とか、喜ばしい報告を受けるときの顔だ。

どちらかといえば不愉快な場面ほど、盛田さんの演技力は日頃にも増して際立つ。

「申し訳ありません。外国人を相手に他流試合がしてみたいのです」

「それはいい考えだな」

盛田さんの返事は簡単だった。そのあとに「でもなあ、馬鹿な真似はやめておけ」というものようにくるかと思っていたら違った。

「わしにできることは何でもしますよ」

推薦状でも書いてくれそうな態度だった。

「ありがとうございます」

礼を言うと、盛田さんはもう一度笑顔を見せ、「それじゃあな」と席を立った。わずか五分の面談だった。

転職先のことも、新しい仕事のことも聞こうとしない。始終、笑顔だった。自分から辞めたのにクビを切られた気分だった。

盛田さんは転職について、独特の見解を持っていた。〝会社は自己実現の場〟という考えが根底にあり、どこの会社に所属しても自己実現ができれば同じなのだ。会社に忠誠心など持つ必要はない。盛田さんらしい合理的な就職観だった。

だから、他社からいろいろな人間を集めてくる。おもしろいと感じたら声をかけて入社させてしまう。ソニーで活躍しなくても大して失望しない。そのまま放置するから、現場が迷惑することもたびたびあった。

その一方で、誰が辞めていこうが何とも思わない。引き止めないし、裏切り者扱いすることもない。辞めたいと言うからには、会社に不満があるのだろう。不満を抱えた人間を置いていたら秩序が乱れる元凶になる。**どうせ送り出すならケンカして恨まれるより、将来のために恩を売っておいたほうがいい**。反ソニー的な活動を封じることにもつながる。

徹底した「来る者は拒まず、去る者は追わず」なのだ。

ただし、会社への忠誠心は問わない代わりに、自分への忠誠心は求める。歴史ある酒蔵の当主らしい古風な家父長制の忠誠心だ。

つまり、盛田さんへの忠誠心があれば、相手がどこに勤めていようとかまわない。

「ソニーを辞めても、わしの役に立て。そうすれば、こちらも報いてやろう」

いざとなれば、人材を使い捨てにできるうえに、辞めてからも自分に役立つ人間でいるように仕向ける。目的のために感情を制御するという不思議な能力を備えていた。

五番街の面談は、盛田さんの価値観がよくわかる五分間だった。

盛田さんの思惑通り、私はシンガーに移ってから、ソニーへの敵対行為を一度も働かなかった。そして八年後には、盛田さんと再び面談してソニーに復帰した。

再入社したあと、社内を歩いていたら遠くから大声が聞こえてきた。

「ウェルカム・バック！」

声の主を見ると、盛田さんである。明るく部下の気持ちを奮い立たせるのは相変わらずだった。

出戻った私は事業部長、事業本部長、営業本部長などを歴任することになる。最優秀業績賞（社長賞）を三年連続で受賞するほど頑張ったのは、やはり盛田さんへの忠誠心があったからだと思う。

私が若い頃のソニーは、中途入社の人が多く、また辞める人も多かった。私のようにいったん辞めて戻ってきた人もいる。ある部署を辞めて、別の部署で採用された人もいる。

前にも述べたが、盛田さんは人づかいが非常にうまくて、褒めておだてて部下を気持ちよく働かせる。その代わりに辞める意思を示したらスパッと切る。報酬や条件の交渉はない。「一〇％高い給料で誘われているなら、こちらも給料を一〇％アップしよう」とは言わない。

これからもソニーで働く人は面倒を見るが、一緒に働く気を失った相手は引き止めない。去る者は追わずの姿勢は、盛田さんの未来思考では当然なのだろう。

「実より名を取った」コロンビア映画の買収劇
――アメリカ社会で存在感を示すための戦略

ソニーがコロンビア映画を買収したのは一九八九年九月のことだ。日本のバブル景気が真っ盛りの頃で、あとを追うように日本企業はアメリカの映画会社を買収するようになる。松下電器、日本ビクター、パイオニア、東芝、商社などがハリウッドに大金を投じた。三菱地所がマンハッタンのロックフェラー・センターを所有したのと並んで、「日本企業がアメリカの魂を買いあさっている」と非難され、ジャパン・バッシングにつながった。

「ソニーのコロンビア買収は暴挙だ」と非難したのはアメリカ社会やマスコミだけではない。社内でも反対の声は大きかった。四八億ドル（当時六七〇〇億円）も出して買収する値打ちはない、素人のソニーが映画ビジネスで儲けられるはずがない、アメリカ国民を敵に回してほかの製品が売れなくなったらどうする……とあちこちから批判された。

同じコンテンツビジネスでも、一九六八年に米ＣＢＳ社との合弁でＣＢＳ・ソニーレコードを設立したのとは意義も金額もまるで違う。音楽のように利益につなげられる保証はまるでなかった。

なぜ、ソニーはコロンビア映画を買収したのか？

当時から疑問視する声は多く、いまだに「ソニーの歴史で最大のミステリー」と紹介されることもある。のちに出版されたソニー本を読んでも、的を射た解説はほとんどない。

「ハードとソフトがビジネスの両輪になる」といった説明は建前に過ぎない。

実は、あの買収劇の事務方を担当したのは私だ。経営戦略本部の本部長として実務にあたった。

私はコロンビア買収を指示されたとき、盛田さんのこんな話を思い出した。

「わしは五番街に長年住んできたが、政治家や財界人が集まる地元のパーティーには呼ばれたことがない。ソニーはまだ、アメリカでは一流企業と認められていないんだ」

ソニー製品は、アメリカ市場ですでに三〇年の歴史があった。六〇年に現地法人を設立し、七〇年に日本企業ではじめてニューヨーク証券取引所に上場した。盛田さんは五番街の高級アパートに住み、アメリカの財界に広い人脈があり、「ソニーのモリタ」は有名人だった。日本のビジネスマンではトップの知名度だったはずだ。

ところが、政財界のパーティーに呼ばれたことがなかった。ニューヨークの財界人は、例えばメトロポリタン美術館を借り切って盛大なパーティーを開く。政財界のＶＩＰが一堂に会する場に盛田さんは呼ばれたことがなかったのだ。つまり、ビジネスの付き合いはあっても、まだ仲間と認められていなかったと言える。

現地のコミュニティーには、経済力だけでは入れてもらえない。アラブの石油王であろうとパーティーに呼ばれないのだ。盛田さんがいくら努力しても、仲間入りはできなかった。

「ただ、ひとつ方法はある。それはハリウッド女優を連れていくことだ」

妻がハリウッド女優なら、パーティーに呼ばれるというのだ。たとえ本人が小者でも、夫婦同伴だからハリウッド女優を連れてくる。目当ては、本人ではなく奥さんなのだ。

とはいえ、妻帯者の盛田さんはハリウッド女優と結婚できない。それならば映画会社のオーナーになればいい、ということだ。「モリタを呼べば、ハリウッド女優を連れてくるぞ」と評判になれば、あちこちのパーティーに呼ばれるという目論見だった。

映画会社は、アメリカ社会では特別な存在だ。映画はアメリカ発祥の産業であり、アメリカ文化そのものという誇りがある。自動車や電気製品とは位置づけが違う。だから買収後に、「アメリカの魂を買いやがって」と攻撃されたのだ。

もちろん盛田さんは、ミーハーな気持ちでパーティーに参加したいのでも、仲間外れが嫌だったわけでもない。ソニーをアメリカのインサイダー（身内）にしたかったのだ。また、**インサイダーになれば、ソニーはアメリカの人々の反日感情をやわらげることもできる。**素晴らしい外交術である。

盛田昭夫は、日本人には珍しい国際派ビジネスマンと評された。七一年にアメリカの週刊誌『タイム』の表紙を飾り、八八年にはシンディ・ローパーとハグする写真が『ニューヨーク・タイムズ』の表紙を飾った。マイケル・ジャクソンとは「先生」と慕われるほど親しかった。

盛田さんの英語は決して流暢ではなかった。それでも、押し出しがよくて内容がおもしろいからみんな耳を傾ける。スピーチやプレゼンテーションの専門家からレッスンを受けていたようだ。

しかし盛田さん自身は、あまり派手な社交が好きではなかった。私が知る限り、ふだんはどちらかといえば地味な暮らしぶりだった。

盛田さんの実家は、愛知で四百年近く続く造り酒屋で、長男の盛田さんは第一五代当主でもあった。私が外国人のお客様と盛田さんのお宅にうかがったとき、食事は一人ずつお膳で運ばれてきた。奥さんの良子さんは同席しない。盛田さんは和服で床の間を背に座っている。まるで時代劇のようだった。

国際人としての派手な振る舞いは、すべて必要だからやっていたことだ。

アメリカが誇る映画会社のオーナーになり、政財界のコミュニティーに仲間入りできたら、人脈、情報その他でビジネス上のメリットは計り知れない。

コロンビア買収後は、盛田さんが期待していた通りになった。ソニーはアメリカの一流企業と認められ、盛田さんもファウンダー（創業者）の立場でずいぶん株をあげた。財界人のパーティーに招かれただけでなく、ホワイトハウスからも式典の招待状が届くようになったのだ。

私が考えてもみなかった副産物もあった。ソニーのアメリカ法人の採用で、優秀な人材が集まるようになったのだ。それまではハーバード大学やマサチューセッツ工科大学などの卒業生はいなかったのに、名門大学の出身者がぞろぞろと入社してくるようになった。やはりアメリカの魂である映画会社を傘下に持つ企業という評価が大きかったに違いない。

名門企業のブランドは、お金だけでは買えない。アメリカ社会に溶け込むためには、ハリウッドでオーナーの一員になるのが近道であると判断した盛田さんは正しかった。

「目的」ではなく「手段」の経営戦略
——金融ビジネスに参入した真意

コロンビア映画の買収は、**映画ビジネスで儲けるのが「目的」ではなく、アメリカでソニーのプレゼンスを高めるための「手段」**といってもよかった。

しかし私は、社内の人から「コロンビア映画を買って何がやりたいんだ?」と質問されて、「ハードとソフトの両立」と通り一遍の返事しかできなかった。もちろん盛田さんも、コロンビア映画の作品がヒットすることは望んでいただろう。しかし、それは「目的」ではなかった。

ソニーが**生命保険、銀行などの金融ビジネスに参入したのも、盛田さんにとって必要な「手段」だった。**

ソニーは一九七九年、米プルデンシャル生命保険との合弁会社を設立して金融ビジネスをスタートした。現在のソニー生命保険である。二〇〇一年には、ネット専業のソニー銀行を設立している。

盛田さんは、早くから金融ビジネスに目を向けていた。「本当は最初から銀行をやりたかった」という話もあるが、私は六〇年代に盛田さんが保険ビジネスに興味を持っていたことを知っている。

アメリカで盛田さんと一緒に動き回っていた頃、二人でコーヒーを飲みながら休憩していた。すると盛田さんが、ビル街を見回しながらつぶやいた。

「どこへ行っても、一番でかくてきれいなビルは保険会社だね。わしも保険をやって、お金を集めたいな」

私たちは業務用ビデオ機器を販売するため、あちこちの会社にセールスで回っている最中だった。テープレコーダーやビデオのメーカーが保険をはじめるなんて「突拍子もないことを言うもんだ」と思って聞いていた。

ソニーが生命保険のビジネスをはじめると知ったのは、シンガーにいるときだった。「盛田さんはあのとき話していたことを本当に実行するのか」と驚いた。

ソニーの設立時から、井深さんの思いを実現するために盛田さんが一番苦労したのは、資金繰りと知名度だった。ソニーらしい製品を開発して販売するにはキャッシュが必要であり、ソニーのブランド力がなければ製品を買ってもらえない。

とくにお金の面では、倒産が心配されるほどの危機が何度かあり、かなり苦労したようだ。

盛田さんは経理、財務が得意だったわけではない。ソニーには、実家の酒造会社からきた優秀な経理マンたちがいた。設立時にお父さんが「資金繰りに苦労するだろうから」と信頼できる番頭さんたちを送ってくれたのだ。

父である一四代当主の久左衛門さんは、知多半島の小鈴谷から名古屋に進出し、資金繰りや販路開拓に苦労したらしい。お金の苦労を知っているから、設立したばかりのソニーに優秀な番頭さんを派遣してくれたのだろう。ソニーがお金で苦労した時代に、資金面でも援助を受け、盛田さんの実家がソニーの筆頭株主だった時期もある。

銀座五丁目に「ソニービル」を建てたときも、一時的に経営状況が厳しくなった。一九六六年のオープン当初、ソニービルは話題を集め、ソニーのブランドを高めるうえで大きく貢献した。モダニズム建築、日本一速いエレベーター、外壁に二三〇〇個のブラウン管をはめた電光掲示などで銀座の新しい観光名所となったのだ。

知名度の高さは販売力につながり、知名度を高めるにはお金が必要となる。目的のために、あらゆる手段を講じるのが盛田さんだった。

ブランディングは「人に知られてなんぼ」

——相手にアピールできる「強み」は何か

出井伸之さんは宣伝部長の頃、ある会議で次のように発言したことがある。

「ソニーの実態と世間の評価に差があり過ぎます」

世間ではソニーの経営が素晴らしく、日本を代表するメーカーだと評価されていた。しかし出井さんに言わせると、実態はとても褒められたものでなく、世間は完全に誤解しているというのだ。

出井さんの問題提起に、盛田さんは平然と答えた。

「それこそ、わが社の戦略がうまくいっている証拠じゃないか」

盛田さんから見たら、ソニーの**企業イメージが実態よりいいのは大歓迎**なのだ。「ソニーは素晴らしい会社」と世間に思われているほうが何かとプラスに働く。実態と差があって当然というのだ。

現在、ブランディングについて教えないビジネススクールはないだろう。しかしソニーがアメリカをはじめ海外に進出しはじめた時代は、ブランディングと聞いてピンとくる人たちはいなかった。私も知らなかった。盛田さんは、ブランディングで成功した日本人ビジネスマンの走りといっていいだろう。

「**特徴を大事にしなさい。特徴をアピールして、相手に覚えてもらうんだよ**」

盛田さんから何度となく言われた。まずソニーという会社、ソニーの商品、そして自分自身の特徴をアピールする。盛田さんが有名雑誌の表紙を飾り、アーティストたちと交流し、「世界のモリタ」となったのは、まさしく盛田さん自身の特徴を強くアピールした結果だった。

戦後に誕生したソニーは、日本の電機業界でも新参者のベンチャー企業だった。

「あなたの会社は聞いたことがない」

「そんな商品は知らない」

セールスに出かけて、冷たくあしらわれるのはつらい。私もたくさん経験した。製品に自信があっても話を聞いてもらえなければはじまらない。井深さんと盛田さんが〝ソニーらしさ〟を追求して独創的な製品を世に送り出したのは、知名度が低い当時のソニーにとっては当然の戦略だろう。

特徴的な製品で攻めれば、市場に理解されないことや悪い評判が立つこともある。

「どんなに悪い評判でも、まったく話題にされないよりはるかにいい」

盛田さんはそう言い切っていた。現在の〝炎上商法〟のようにわざと悪評を起こさせることまではしなかったが、批判を恐れない姿勢を崩すことはなかった。実際、世間から悪い評判が上がっても本人は意に介さない様子だった。

盛田さんが本当は古風で地味なタイプだと知らない人は、アメリカでの派手なパフォーマンスを「好きでやっている」と誤解したかもしれない。盛田さんからすれば、悪い評判が起こるのも織り込みずみだった。盛田さんは**常にソニーという会社、手がける製品、自分の知名度をあげる努力を惜しまなかった。**

私も盛田さんの教えを実践していくうちに、知名度の高さに大きな価値があることを実感した。ソニーの評判が高まるにつれて、顧客も、お金も、情報も、人材も、すべて集まってくる。

まったくの無名企業から有名企業へと成長していく過程を経験した者にとって、知名度の上昇は、あたかも財産が急増するに等しい気持ちだった。

先に相手を信用してみせる

――「決してノーを言わせない」人心掌握術

「ビジネスでは誰も信じるな」と言いながらも、盛田さん自身は平気でウソをつく人ではなかった。とくに**自己保身のためにつくウソは聞いたことがない**。自分が泥をかぶって悪者になることのほうが多かった。

ただ、お芝居の塊であったことは間違いない。**どれだけしんどい状況でも、人前ではいつも上機嫌**だった。盛田さんが仕事のことで落ち込んでいる姿は思い出せない。

相手の心を瞬時につかむ、独特の人心掌握術を感じることもあった。

私がソニーに再入社するとき、盛田さんと面談したときもそうだった。

シンガーの日本法人では八年で成果をあげ、次はアメリカ本社に呼ばれる段階になっていた。私はアメリカへ赴任するつもりはなかったし、もはやアメリカ人の経営者から学ぶことは何もないと感じていた。ひとまずシンガーは辞め、日本の小さな会社に入って輸出の手伝いでもしようかと考えていた。

ちょうどその頃、ソニー時代の上司から連絡があった。また一緒に仕事をしないか、と声をかけてくれたのだ。そこで当時の専務も交えて会食をしたのだが、二人からとくに熱心な誘いはなかった。ただ「盛田会長に一度会ってくれ」とだけ言われた。

数日後ソニー本社に出向くと、盛田さんの私室に通された。社外の人間なら応接室で会うから、「すでに君は社内の人間だよ」と言われたようだった。

「元気そうじゃないか」

盛田さんは、例によってすこぶる上機嫌で私を出迎え、ソニーの近況を話しだした。

「厚木工場の業務用機器が大成功でなあ。人手が足りんのだよ」

私がソニーに戻るなら、任せたいという意味だ。

そのとき秘書が入ってきて、盛田さんにメモを手渡した。盛田さんは「ええよ。電話をつないでくれ」と言って受話器を取った。秘書は部屋を出ていくときに、怪訝(けげん)そうな顔で私を一瞥(いちべつ)した。

電話の相手は経済界の大物で、内容はどうも選挙の応援に関することのようだった。秘書が怪訝そうだったのは、お客さんの前で話すのが意外だったからだろう。内密にすべき電話を目の前で受けたことで、「**わしはお前をこんなに信用しているんだぞ**」と言われているように感じた。

電話が終わると、また厚木工場の話に戻った。内密の話を聞いたのだから、もう逃げられない、という思いだった。

私は八年ぶりに盛田さんの一流のお芝居を見たのだった。

角を立てずに、自分が正しいと思うことをやれ

――「面従腹背」の仕事術

盛田さんには、社外から奇人変人を集めたがる癖があった。

私がソニー・アメリカに赴任したとき、副社長だったMさんもその一人だ。アメリカ松下電器の社長を務めたことがあり、化学が専門の理学博士だからドクターと呼ばれていた。盛田さんいわく「松下にいた頃は松下の悪口ばかり言って、ソニーにきたらソニーの悪口ばかり言うようになった」という人物だ。松下幸之助さんの著書にも、物知りなだけで商売ができない男として登場している。

それでも盛田さんは、Mさんを高く買っていた。英語がネイティブ並みに堪能であり、アメリカ市場のことを深く理解している。さらに技術系のマネジメントにも精通しており、アメリカに人脈も持っていた。そうした理由を踏まえて、盛田さんはMさんがアメリカ松

下電器の社長を退任すると、さっそく技術担当バイスプレジデントとしてソニーに招いた。

このMさんが私たちに命じることはメチャクチャだった。誰彼かまわず、実現できそうもない無理難題をふっかけてくる。

盛田さんがニューヨークにきたとき、私とエンジニアたちは会食中にMさんへの不満を並べ立てた。このままではエンジニアたちがやっていけないし、まともにものがつくれないと盛田さんに訴えた。

私たちの話を黙って聞いていた盛田さんが口を開いた。

「軍艦に乗ったら艦長が全権を握っている。その艦長が、この軍艦の底に穴を開けろと命令したら、君たちはどうする？」

私たちは黙って考えた。艦長の命令は絶対だから穴を開けるしかない。しかし穴を開ければ自分たちが乗る船は沈んでしまう。上司の理不尽な命令にどう対応するか、という問いかけだ。

盛田さんは笑いながら「穴を開けるフリをすればいいんだ」と答えを言った。

上司には逆らうな。しかし理不尽な命令は実行するな。ふたつを両立させるには、命令

に従っているフリだけ必死にしていればいい、というのだ。

いかにも盛田さんらしいプラクティカルな対処法だと思った。

「命令に従っているように見せて、自分たちがやりたいことをやればいいんだ。わしはちゃんと見ているから」

盛田さんが奇人変人を集めてくるのは、ソニーに足りないものがたくさんあると考えていたからだ。癖がある人物でも、優れた点があれば社内に置いて、まわりにノウハウやスキルを吸収させる。内部に足りないものを取り入れるための手段だ。現場は苦労するだろうが、大きな目的を理解していれば対処できる。

命令に従っているフリ、つまり**「面従腹背」で自分が正しいと思うことをやれ、**というのが「盛田イズム」だった。

お金は贅沢や見栄ではなく、ビジネスのために使う
——盛田流「生き金」の使い方

ソニーが大企業となったあとも、盛田さんも井深さんも、住まいや服装はいたって質素だった。ただし接待など、会社としてお金を使うべきところには使っていた。

盛田さんには社交的で、派手好きで、多趣味というイメージがある。音楽やスポーツを楽しむ姿がマスコミで紹介され、趣味を通じて幅広い交友関係を築いていたのはたしかだ。しかし本当の趣味人とは違って、**音楽やスポーツをただ楽しんでいたのではなく、ビジネスで戦うために感性と身体を鍛えていた**ように思う。

表向きはいつもにこやかでフレンドリーな国際人だったのとは裏腹に、素顔の盛田さんは物静かで、どちらかといえば愛想のない人だった。常在戦場の武人といった雰囲気だった。

ふだんは高価なブランド品を身につけることもなく、着ているスーツはいわゆる「ぶら下がり」だった。

ソニー・アメリカにいた頃、会議が終わって立ち上がった盛田さんの後ろ姿を見ると、ズボンのお尻のあたりがほころびていた。私はこっそり、盛田さんにささやいた。

「このズボンはもう穿(は)かないほうがいいですよ。新しいのと取り替えてください」

「おお、そうか」

盛田さんはそう言いながらも、あまり気にしている様子はなかった。ファッションも含め、自身の見栄えにはさして関心がないのだ。

盛田さんがニューヨークの空港に到着すると、私たち部下がクルマを運転して迎えにいくのが常だった。「今は繁忙期なので、自由に動ける者がおりません。会社までハイヤーできてください」と断っても、「クルマのなかで会社の近況を聞きたいから」と譲らない。しかし実際の車中は雑談ばかりで、仕事の話になることはめったになかった。本当はタクシー代が惜しいのだろう、と私たちは睨んでいた。

ソニー本社で最後に使っていた会長室も豪華ではなかった。ソニー・ドイツからドイツ人の社長が来日した際、その会長室を見て「盛田さんはこんなチープな部屋で働いているのか」と驚いたほどである。

美食家でもなかった。会社の役員会といえば、昼食に豪勢な仕出し弁当を準備してもおかしくないのに、私が出席していた頃は、いつも近くの蕎麦屋から出前をとっていた。

ただし、実質本位の素顔を見せたのは、あくまで身内の前だけだった。接待ともなれば、金に糸目をつけず、贅を尽くして相手をもてなした。

ニューヨークでは五番街の家賃が数千ドルという高級アパートに住んでいた。ソニーの盛田がどこに住んでいるかは関心をもたれるし、地域コミュニティーで有力な人脈をつくることもできるからだ。

まだソニーブランドが世界に知られていない頃、海外進出にあたり、弁護士事務所や広告代理店は現地でトップのところに依頼した。超一流だから料金は高額になるが、「あの弁護士事務所に依頼するほどの会社なのか」と箔（はく）がつく。また、同じ依頼主として顧客の経営者を紹介してもらい、人脈を広げることもできた。

費用対効果を考えてプラスになると判断したら、惜しみなく金を出すのが盛田さんだった。ふだん着るスーツが高級ブランドで、会長室がゴージャスだとしても、ビジネスでは何の利益も生まないことを理解していたのだ。

思えば、井深さんも贅沢を好まなかった。ソニーが大企業になる前は、研究開発に打ち込んで身なりなどは気にしなかった。高級品や美食にまったく関心がなく、経済的に余裕ができてからは社会貢献活動や寄付に大金を投じた。

贅沢を好まなかった点も二人の共通点といえる。立派な門構えの大豪邸に住んでもおかしくないのに、井深さんも盛田さんもふつうの住まいだった。

創業者の影響なのか、ソニーの役員にはマンション住まいが多かった。避暑地などに別荘を持つ人はいても、都内に豪邸を構えた話は聞いたことがない。高級スポーツカーを乗り回すとか、数百万円の腕時計をはめるとか、成金的な贅沢はどちらかといえば尊敬されないカルチャーが社内にあったと思う。

その場を切り抜ける度胸を持て

――短所を長所に言い換える天才

　盛田さんは、自社の短所を長所に変える天才だった。言葉巧みに自己弁護して相手を納得させてしまうのだ。

　まだ会社が小さかった頃、「教育や研修が全然足りない」と内外から指摘されることがあった。

　盛田さんは「**会社は学校じゃない。それぞれが自力で勉強して育っていくものだ。**研修部門はつくらない」と話していた。

　あるいは「仕事はＯＪＴで身につけるのが一番だ。〝オン・ザ・ジョブ・トレーニング〟じゃないぞ。〝オールド・ジャパニーズ・徒弟制度〟だ」という冗談をよく言っていた。

　しかし実態は、まだ会社が小さくて、研修部門をつくる余裕がなかったのだ。もちろん会社が大きくなってからは、教育研修にお金をかけ、社宅や保養所も充実させていった。
また、盛田さんの最初の経営書で、一九六六年に発行された『学歴無用論』では、「ソニーは出身大学で採用の可否を判断しないから、履歴書に大学名を書かなくていい」と述べて話題になった。

しかし実態は、そもそも高学歴の学生を採用できなかったのだ。当時のソニーは、日立や東芝などに比べて名門大学の受験者が圧倒的に少なかった。高学歴の人材を採用したくても、集まらない。ならばいっそのこと「学歴無用」と強調してユニークな人材を集めようというのが狙いだった。

盛田さんの場合、ポリシーや信念というより、悪く言えば「その場しのぎ」の連続だった。私たちにも「**とにかく、その場を切り抜けろ**」とよく言っていた。その場を切り抜けたら、次もその場を切り抜け、そのまた次も切り抜け……永遠に切り抜けていけば文句なしだと話していた。

私がソニー・アメリカにいた一九七一年、ソニーは世界最初のカセット方式ＶＴＲ「Ｕ-マチック」を発売した。映像がカラーになり、私はアメリカでＩＢＭ、フォード、コカ・コーラなどの大手企業に売り込むことに成功した。

しばらくたって日本でU-マチックの販売会議が開かれ、私はアメリカ人の担当者と二人で出席した。すると、日本の営業担当者が強気の販売予想を立て「アメリカの販売量が少ない」と私たちは叱責を受けた。

「日本のわれわれがこれだけの目標数値を掲げたんだから、アメリカならばその何倍も売れるはずじゃないか」

「こっちだってアメリカ市場を把握したうえで算出した数字だ。そんな無茶な数字は約束できない」

そこへ盛田さんが割って入り、強く主張した。

「郡山くん、アメリカでもっと売れるだろう」

盛田さんは議論が抜群にうまい。新しい販売方法を提案したり、第三者の意見をうまく引用したり、あえてわれわれが知らない話を持ち出したりしてくる。感心しながら聞いているうちに、いつのまにか盛田さんのペースになってしまうのだ。

結局、アメリカでもっと売れるはずだという意見のもとに生産計画がつくられ、同席のアメリカ人担当者は大いに立腹した。

会議が終わったあと、盛田さんは「ちょっと二人で話そう」と声をかけてきた。

「君はアメリカでどれくらい売れると思うかね？」

「私たちが最初に出した数字が精一杯だと思います」

「俺もそう思うよ」

「は？」

驚いている私に盛田さんは言った。

「実はなぁ、愛知のほうに広い土地を買ってビデオの工場を建てることにしたんだ。だから、たくさん売れることにしておかないとまずいんだよ。今はあまり売れなくても、ビデオは将来必ず大商品になる。そのときに大きな工場がないと困るからな」

そう言って盛田さんは笑った。私は「そういうことでしたか、わかりました」と答えるしかなかった。

愛知の工場は当初、生産過剰で在庫の山を築き、会社のお荷物となった。しかしビデオ生産の中心地として、のちに活躍することになる。盛田さんの先見性、味方をも欺く(あざむ)口八丁を目の当たりにした思いだった。

会議では私に達成できない数字を言わせて、その場をしのいだのだ。仮に売れなくても、盛田さんの立場は悪くならない。実際、「郡山の馬鹿が言った通りに生産したら在庫の山になった」という話になった。アメリカにいるのだから、悪い評判が立っても気にしなくていい、というわけだ。

ただし、これはソニーが失敗しても干されない会社だから打てた芝居だったともいえるかもしれない。

経団連会長就任の目前での別れ
――伝えられなかった「さよなら」

私が役員になってから、盛田さんと早朝テニスを楽しむようになった。役員昼食会で「郡山くんもテニスをやるそうだね。わしは早朝テニスをやってるから参加しなさいよ」と声をかけられたのがきっかけだった。

メンバーは、盛田さんの弟でソニーの副社長を務めた盛田正明（もりたまさあき）さんをはじめ、社内のテニス愛好家が中心だった。たまにプロの女子選手なども参加していた。毎週火曜の朝七時から八時半頃まで、品川プリンスホテルでプレーして出勤するのが慣わしだった。

一九九三年一一月二三日も一緒にプレーした。盛田さんに「来週も来られるか」と尋ねられ、「あいにく北海道出張で参加できません」と答えた。元気な頃の盛田さんと言葉を交わしたのは、このときが最後だった。

翌週一一月三〇日の朝、盛田さんはテニスのプレー中に脳内出血を起こして入院した。私のもとに第一報が入ったとき、「外部にはまだ漏らさないように」と言われた。箝口令（かんこうれい）が敷かれるのだから、ただごとではないとわかった。

盛田さんの後遺症は重く、ビジネスの現場に復帰することはなかった。

盛田さんは、経団連の次期会長に就任することがほぼ決まっていた。八〇年代から日米構造協議などの財界活動で走り回った盛田さんは〝財界総理〟と呼ばれるに値する財界人だった。

盛田さんが経団連会長になれば、ソニーにとっても名誉なことだ。それまで経団連会長といえば、東芝、新日鉄、東京電力などの経営者が就いていた。戦後ベンチャーの弱電メーカーから経団連会長が出るのは快挙といってよかった。

盛田さんも、箱根の別荘を建て替えるなど、就任に向けて準備を進めていた。自分の名誉や権力のために就任したかったわけではないだろう。盛田さんは、当時のギクシャクした日米関係に強い危機感を持っていたし、バブル崩壊後の日本経済についても憂慮していた。**日本の将来を考えて、強い使命感を抱いているようだった。**私には、井深さんの代理として経団連会長に就任するつもりのように見えた。ソニー一社だけでなく、日本の経済界全体に「井深イズム」を広めようとしていたのかもしれない。

盛田さんが経団連会長になれば、経営戦略本部長の私も忙しくなるだろうと覚悟していた。「ソニーの盛田」からいよいよ「日本の盛田」になると思っていたからだ。

だから「盛田さんが仕事へ復帰するのは難しい」と聞いたときは、何重もの大きなショックを受けた。盛田さんが倒れたことのショックに加え、日本の産業界に与える影響を考えたのだ。ソニーの経営は、大賀社長にバトンタッチしていたから問題ない。それより**日本の産業界にとって大きな損失**だと思った。

もはや残念という思いを通り越して、呆然自失といった感じだった。

盛田さんとはその後、一度だけ箱根の別荘でお会いした。車イスに座っている盛田さんと対面し、じっと目を合わせていたら涙がこみあげてきた。今思い出しても、涙があふれてくる。日本のためにも、ソニーのためにも、盛田さんに経団連会長をやってもらいたかった。

第4章

井深大と盛田昭夫

日本、そして世界を変えた最強の二人

思想の井深、実行の盛田

——「二人で一人」の唯一無二のパートナー

井深さんと盛田さんが、戦後日本を代表する名経営者であることは間違いない。およそ二〇人でスタートした会社は世界中にソニーブランドを広め、今では従業員が一〇万人を超える世界的な企業グループにまで成長した。

ところが、二人が経営哲学を語ったところを、私は見たことがない。とくに盛田さんは、自分の哲学を語ることがなかった。

一九九三年に経営戦略本部でミーティングしていたときだった。盛田さんが経団連会長に就任することが正式に決まりそうで、私たち経営戦略本部で準備を進めていた。誰かが盛田さんに言った。

「経団連会長は就任時にポリシーや方針を示すのが常なので、考えをまとめておいたほうがいいですね」

　すると、盛田さんは意外なことを言った。

「わしには哲学や思想といったものはないんだよ。これまでずっと井深さんの思想を実現することだけをやってきたんだから」

　井深さんはその場にいないから、お世辞のたぐいではない。いつものように笑いながら話していたが、自分に哲学なんてないとキッパリ言い切ったのが印象に残った。本心かもしれないと思った。

　盛田さんが語ってきたのは、たしかにビジネスの戦略、戦術だった。井深さんのように思想めいたことはほとんど口にしなかった。

　盛田さんの精力的な活動は、すべて井深さんの思想を実現するため――そう考えると、合点がいくことは多い。

　もちろん、盛田さんにも哲学なり、思想なりはあったはずだ。海軍時代は「戦争に勝つ」という明確な価値観があっただろう。

　しかし私がソニーに入社した頃は、「井深イズム」に則ってビジネスに邁進(まいしん)する盛田さんになっていた。

世間でよく言われてきた「技術の井深、販売の盛田」という役割分担は正確ではない。井深さんが学生時代から有名な発明家で、天才的な技術者であったことは間違いない。しかし盛田さんは、優秀な営業マンでもなければ、優秀な経理マンでもなかった。

ソニーと同じ戦後ベンチャーであるホンダの場合は、たしかに「技術の本田、経営の藤沢」だったかもしれない。本田宗一郎さんは技術開発に専念し、事業や組織は藤沢武夫（ふじさわたけお）さんがデザインしたように見えた。藤沢さんは本田さんの人柄や技術力に惚れ込んでいたとしても、世界に「本田イズム」を広めようとまでは考えていなかっただろう。

ソニーの場合、「思想の井深、実行の盛田」と説明したほうが私にはしっくりくる。

製品だけでなく、事業や組織についても、井深さんのコンセプトがいつも先にあった。井深さんの「自由闊達にして愉快なる理想工場」を最も深く理解し、実現していったのが盛田さんということだ。

ビジネスは、高邁（こうまい）な理想だけでは成り立たない。従業員が食べていくために、泥臭いことや際どいことにも手を出し、駆けずり回ることもある。

私は「井深は胸から上、盛田は胃袋から下」と表現することがあるが、胃袋の上と下があってはじめて一人の人間といえるように、両方が合わさってソニーという組織は成立していた。まさに「思想の井深、実行の盛田」という二人三脚で伸びた会社だった。

一番に、いいニュースを伝えたい存在
――ソニーを守りながら、井深を喜ばせていた盛田

ソニー・アメリカにいた頃、盛田さんは何かいいニュースがあると、井深さんにすぐ電話をかけた。別に急がなくていい話でも、我慢できないといった様子で電話していた。当時の国際電話は高額だったから、はたで見ているほうは「いくらになったんだ」とハラハラしながら見守っていた。

盛田さんはまるで、**井深さんを喜ばせるために働いている**ように見えた。

反対に悪いニュースは、井深さんの耳に入れないように努めていた。

井深さんは悪いニュースを聞いて怒りだすような人ではない。盛田さんは、井深さんを失望させたり残念がらせたりしたくないだけなのだ。

一九五五年に盛田さんがアメリカへ単身出かけ、トランジスタラジオなどを売ってきた

逸話がある。大手時計メーカーのブローバが出した一〇万台のオーダーを断った話だ。

まだ小さな会社だったソニーにとって、一〇万台の大量受注は喉から手が出るほどほしい。ところが、ソニーブランドが表に出ないＯＥＭ（相手先ブランド製造）という条件が気に入らなかった。

東京に電報を打って、「一〇万台の注文を受けた。でもＳＯＮＹの商標が出せないから断るつもりだ」と知らせると、「もったいないから受けろ」という指示がくる。盛田さんは東京に電話をかけ、「今回は断って、自分たちはＳＯＮＹでやっていこう」と井深さんたちを説得した。

盛田さんがブローバの担当者に伝えると、「誰もＳＯＮＹなんて知らないよ。当社は世界で知られるまで五〇年かかったんだ」と言われ、盛田さんは「それじゃあ五〇年前、あんたの会社を何人が知ってたんだ？」「五〇年後、ＳＯＮＹはあんたの会社と同じくらい有名になっている」と啖呵（たんか）を切って注文を断った。

ソニーの草創期を語るとき、欠かすことができない有名なエピソードだ。

私はこの件について、盛田さんに尋ねたことがある。すると、盛田さんは笑いながら答えた。

「ブランドのこともあったけど、最大の問題はうちの生産体制だった。当時は、とてもじゃないけど一〇万台なんて注文に対応できる工場も、資金もなかったよ」

どっちにしても一〇万台はつくれなかったというわけだ。**「うちにはそこまでの生産力がありません」という代わりに、知名度を高めてみせると啖呵を切る**のはいかにも盛田さんらしい。井深さんもそんな報告なら、おもしろがって残念に思わないかもしれない。

盛田さんはそうやって、井深さんにいいニュースを聞かせていたのだろう。

井深と盛田、不仲説の真相

――取締役会で垣間見た二人の関係

　井深さんと盛田さんは、私たちの前で議論したり意見を戦わせたりすることはなかった。重要な経営判断は話し合って決めたと思うのだが、私たちの前では真面目に討議する素振りも見せなかった。

　私が取締役になった一九八五年は、井深さんが取締役名誉会長、盛田さんが取締役会長、大賀さんが取締役社長だった。その頃は、盛田さんが取締役会の議長を務めていた。

　盛田さんはマイペースで議事を進め、その横で井深さんがつまらなそうに聞いていた。ずっと黙っているから「昼寝しているのかな」と思ったほどだ。

　二〇代の頃から「ソニーという会社は、盛田さんが一人で経営しているみたいだ」と思っていたが、取締役になってその印象はますます強くなった。実際、大賀社長にバトンタッチするまで、たいていのことは盛田さんがほぼ一人で決めているようだった。

役員昼食会についてはすでに前章で述べたが、この会は月に一度程度開催されていた。出欠はわりと自由で、井深さんや盛田さんがいないことも少なからずあった。ただ、取締役にとってはほかの役員連中とざっくばらんに情報交換できる機会であり、井深さん、盛田さんを囲んで会話が盛り上がることも多かったから、私はできるかぎり出席するようにしていた。

毎回、どんな話ができるだろうと楽しみだった。技術担当役員が新製品の試作品を持ってくることもある。そこで真っ先に「おぉ！」と声をあげるのは、たいてい井深さんと盛田さんだった。二人が並んで、まるで子どもが新しいおもちゃを手に入れたように目を輝かせながら試作品をいじっていた光景は、今でもよく覚えている。

当時、井深さんは八〇歳前後だったというのに、好奇心はますます盛んで、話題が尽きることはなかった。ビジネスの話はほとんどなく、幼児教育、東洋医学、気功などについてよく話していた。

井深さんと盛田さんの会話はまるで掛け合い漫才のようで、みんなゲラゲラ笑いながら聞いていた。

「気功でものが動かせるかどうか、エンジニアたちと機械を使って試しているところなんだ」

井深さんが話しだすと、「そりゃ、おもしろい」と盛田さんが身を乗りだす。

「健康状態の変化を測る機械を試作しているんだ。東洋医学には体調を見る技術がいろいろある。機械で数値化できたらすごいだろう」

「それ、商品化できるんじゃないかな」

盛田さんが笑いながら応える。

ビジネスに関する話題では議論するところを見せないのに、ランチ時の馬鹿話では「そりゃ違いますよ」「証拠はあるのか！」などとやりあっていた。食後のお茶を飲みながら一時間、二時間と続くこともあった。**二人はソニーの設立時から、こんな調子で新製品や新事業のアイディアを話し合ってきたのだろう**と想像したものだ。

週刊誌などで、たまに井深さんと盛田さんの不仲説が流れることがあった。一般読者は、二人三脚でソニーを育てた二人の仲が悪いという話に興味津々だろう。しかし、いつも間近で見ている私たちにはリアリティーがない。二人が険悪なムードになったところは一度も見ていないからだ。どちらか一方が陰で不満を言っていた、といった噂ばなしさえ聞かなかった。

一度だけ、井深さんが盛田さんの発言に異議を唱えた場面がある。井深さんが一九九〇年に取締役から外れ、ファウンダー（創業者）・名誉会長になったときだ。

「このたび井深さんが取締役を退任されることになりました」

取締役会で、議長の盛田さんが話しだした。バブル景気の頃で会社の業績はよく、退職金もたくさん払えるから、いいタイミングだと、井深さんが退任する理由を冗談めかして説明した。井深さんに少しゆっくりしてもらいたいという配慮もあったのかもしれない。

「井深さんご本人からもたってのご希望があり……」と盛田さんが言うと、井深さんが「僕は別に希望してないよ」と独り言のようにつぶやき、一同爆笑した。

二人の仲の良さが伝わってくる、忘れられないエピソードだ。

形にしても、行動しなければ意味がない

――言葉にせずとも、思想や哲学は浸透する

井深さんがクリスチャンだったことは現在、評伝などを通じてわりと知られているが、前にも述べたように、井深さんが社内でイエスの教えやキリスト教について話したのは一度も聞いたことがない。私がソニーで働いていた頃は、井深さんがクリスチャンであることを知らない社員もいたと思う。

私がスイス駐在の頃、日本から社長だった盛田さんと外国部長がきたことがある。この二人は中学の同級生で、外国部長は熱心なクリスチャンだった。

三人で雑談していたらキリスト教の話題になった。

「盛田さんもクリスチャンになったほうがいい」

外国部長は盛田さんに、キリスト教の素晴らしさを説明した。宗教として素晴らしいだ

けでなく、国際ビジネスでは欧米でとても信頼されるからいい、というのだ。

盛田さんはニヤニヤしながら聞いている。この男も困ったもんだ、という表情だ。私のほうに顔を向けて苦笑していた。

仕事の話のあとで、私はふと盛田さんの宗教は何だろうと思って尋ねてみた。

「盛田さんの宗教は何ですか？」

「うちは代々、仏教だよ」

この会話はなぜか鮮明に記憶している。なぜかというと、キリスト教に興味を示さなかった盛田さんが、井深さんを通してクリスチャンの思想や哲学を吸収していたのではないかと思うからだ。

外国部長が「パウロは偉大だった」と話しても、盛田さんは「パウロって誰だ？」という顔つきだった。しかし私から見ると、井深さんがイエス様なら、盛田さんはパウロだと思えてならない。自覚はなくても、盛田さんは井深さんからクリスチャンの精神を吸収していたのだろうと考えている。

そして井深さんにとって、**思想や哲学は、自分から声高に言ったり壁に貼りだしたりす**

るものではなく、あくまで実践するものだった。

例えば井深さんは、小さい子どものいる社員を早く帰らせることがあった。

「会社の将来と日本の将来、どっちが大切かといったら、日本の将来に決まっているじゃないか。会社の仕事はいいから、早く帰って子どもの面倒を見てあげなさい」

こうした言葉にも、会社よりも個人を大切にする「井深イズム」が表れているように思う。

また、ソニーグループでは、社員の家族で小学校に入学する子どもにランドセルをプレゼントしている。この「ランドセル贈呈式」は井深さんの発案で、私がソニーに入社した一九五九年にはじまった。

個人尊重、人格主義のうえに幼児教育に熱心だった井深さんからすれば、当然のスタンスだったのだろう。こうした井深さんの思想や哲学は、あえて話したり書いたりしなくても社内に広く浸透していた。

ただ、井深さんには幼児教育などの著書はあるが、自分の人生哲学や経営哲学を語った本はない。思うに、個人の尊重、人格主義が思想の土台にあるから、自分がそれを行動に移すことはあっても、人に上から目線で伝えようという気持ちにはならなかったのではないか。

それもまた、井深さんらしさだった。

ゼロから新しいものを生み出す精神
——「ソニースピリット」とは何か

ソニーについて書かれた本を読むと、井深さんの「設立趣意書」と並んで必ず出てくるのが「ソニースピリット」というフレーズだ。しかし私がソニーにいた頃は、「ソニースピリットとは何か？」と問われて、ちゃんと答えられる人はほとんどいなかった。井深さんも盛田さんも、社是社訓と同じく、ソニースピリットについて語ろうとしなかったからだ。

言葉で説明しはじめると、むしろ自由闊達が損なわれ、ソニーらしくないと考えたのだろう。**「みなが楽しく働いて、おもしろい製品ができあがって、お客さんに喜んでもらえたらいいじゃないか」**というシンプルな気持ちが根底にあったと思う。

ただ、**他社の真似をしないこと、失敗を恐れずに挑戦すること、過去にとらわれないこ**

とは「ソニーらしい」と評価された。私がいた頃のソニーは、お互いにけなし合うことはあっても、褒め合うことはなかった。だから「ソニーらしい」は最高の褒め言葉だったのかもしれない。

井深さんと盛田さんは、他社と同じ戦略では成功できないと考えていたのだろう。例えば一九五〇年代半ばに商社の力を借りず、自社ブランドで海外展開を進めるのは相当ハードルが高かった。独自に開発した製品をソニーブランドとして、世界を相手に自分たちの手で直接売っていく。これはまさにイバラの道だ。

戦前に日本の独自ブランドで海外で通用したのは、「ノリタケチャイナ」「味の素」「仁丹」くらいだろう。それ以外の工業製品は粗悪品扱い。メイド・イン・ジャパンといえば「安かろう、悪かろう」の代名詞だった。そうした環境で、日本の悪しき伝統を壊す――それこそがソニーの出発点であり、**自由闊達**、**個人尊重**、**未来思考**は大きな武器になった。

また、ソニーでは、私が入社した一九五〇年代から、お互いに「さん付け」で呼び合っていた。「井深社長」と呼びかけることはなく、新入社員でも「井深さん」だった。役職で呼び合うのは上下関係を意識させるからだ。

これには、井深さんが序列や上下関係を嫌ったことが関係しているように思う。

例えば、当時の電機業界には、一番は日立製作所、二番は東芝、三番は松下電器……といった戦前から続く企業の序列があり、私などが業界の集まりに参加するとソニーの席はいつも一〇番目くらいだった。産業界全体で見ると、そもそも電機業界が他業界よりも地位が低かった。井深さんからすれば、こうした序列社会は日本の悪しき慣習そのものだったろう。

もちろん、場面によってはちゃんと役職を付けて呼ぶこともあった。例えば、会議の席で井深さんが「今、盛田社長が話したように……」という場合は役職が付く。とはいえ、これは特殊なケースで、基本はいつも「さん付け」だった。

実は「くん付け」もよく用いられた。

ソニーに入った頃、私は盛田さんから「郡山さん」と呼ばれていた。ところが、ソニー・アメリカで一緒に働くようになる頃は「郡山くん」になっていた。親密度が増し、信頼されてくると「くん付け」になるのだ。私は大賀さんからも「郡山くん」と呼ばれるようになった。

井深さんも信頼する技術者たちを「くん付け」で呼んでいた。もちろん、そんな社内規定はないから、自然とそうなるのだ。

新しい上司に呼ばれるとき、「郡山さん」から「郡山くん」に変わったらしめたものだ。上司から信頼されるようになった証拠だと考えていい。

さらに、呼び捨てになることもある。

井深さんの長男で、ソニーPCLの専務だった井深亮さんに言わせると、井深さんと盛田さんの関係は「よくわからない」のだそうだ。

井深さんは他人がいないところでは、盛田さんを「昭夫」と呼んでいたらしい。電話で話すときは「昭夫」だったと井深亮さんが話していた。

下の名を呼ぶ上司部下の関係は、今ではほかに聞いたことがない。井深さんと盛田さんの関係はやはり特別だったのかもしれない。

エピローグ

ここまで、井深さんの生き方、盛田さんの働き方をテーマに本書をまとめてきた。

私がソニーに就職したのは六四年前であり、井深さんが亡くなって二六年、盛田さんが亡くなって二四年の月日が過ぎようとしている。

令和の時代になって、改めて井深さんの生き方、盛田さんの働き方について私なりに集成してみたいと考えるようになった。どちらも現代を生きる若い方たちに参考になると思えるからだ。

若い頃の私にとって、井深さんはどこにでもいそうな中小企業の社長さんだった。そして、好奇心が人並み外れて旺盛な、生粋の技術者だった。一方、盛田さんは世界中を飛び回っているビジネスマン。部下の私たちをうまく使って事業を進める経営者にしか見えなかった。

しかし社会に出て三〇年以上がたち、五〇代六〇代になって二人と身近に接すると、また違った見え方ができるようになった。それからさらに四半世紀ほど過ぎて、自分が八〇代になると、さらに二人の言動が違った意味を持って思い出されるようになった。

本書で繰り返し述べたように、私が「井深イズム」と呼ぶ井深さんの思想は、価値観が明確だった。

最も大切なのは私たち一人ひとりであり、個人よりも大切な仕事や組織などは存在しない。ソニーという会社でいえば、社員が最も大切であり、社員の家族や友人たちが大切なのだ。

次に大切なものは、この地球上に暮らす人類だ。井深さんはエレクトロニクス技術を通して人類の生活をより豊かに、より快適にしようと努力した。自由闊達な理想工場で生み出された製品は、必ず人類の役に立つと確信していた。

その次に大切なものは、われわれが暮らす日本だった。井深さんが「日本のために働く」というとき、国家は個人のためにあることが前提だった。決して「個を犠牲にして国家に尽くせ」という意図ではないことを、ここで強調しておきたい。

その次にようやくソニーという会社が大切だということになる。会社のためになることは国のためになり、国のためになることは個人のためになるという順序だ。

井深さんは、自分という個人を捨てて会社のために働けとは言わなかった。ましてや「私のために働け」とは、絶対に言わない。

「井深さんと一緒にいると、心が洗われる思いがする」

私も若い頃は、そう話す人を見ると不思議な気持ちになった。六〇歳を過ぎて井深さんの近くで働くようになって、ようやく理解できたくらいだ。自分も多くの人たちと同じように「なんとか、この人を喜ばせたい」と思うようになった。

この思いを最も強く抱いていたのが、盛田さんだったことは間違いない。ソニー本社にあった二人の部屋には、盛田さんが外国で買ったきたおもちゃが並び、Nゲージの電車が走っていた。

井深さんが喜ぶことは、日本国民や世界の人々に役立つ――盛田さんはそう信じていたのだろう。二人が自由闊達に楽しんで働いたからこそ、約二〇人でスタートした会社が、今では全世界で一〇万人を超える従業員が働くソニーグループにまで成長することができたのだ。


井深さんと盛田さんが育てたソニーは、現在のソニーとは組織の規模も事業内容も大きく違う。井深さんは「社内で挨拶はしなくていい」と考えたが、大賀さんが社長の時代に「挨拶くらいしたほうがいい」となった。

井深さんの思想を盛田さんが実行する過程で、さまざまな歪みが生じていたのも事実だ。大賀さん、出井さんをはじめ、その後の経営者たちが会社を引き継ぐなかで、時代に合わせて事業も組織も変化していった。

井深さんと盛田さんは未来志考だから、自分たちの考えはすぐに古びてしまうとわかっていた。過去のことは忘れていいし、自分たちのことも忘れていいと思っているだろう。

現在のソニーは好業績が続き、再び世界経済のなかで存在感を高めようとしている。とはいえ、保険会社はゲームをつくらない。映画会社はスマホをつくらない。音楽会社は半導体をつくらない。ソニーがこのままコングロマリット型で突き進むのであれば、その経営は決して易しくはないだろう。

しかし井深さん、盛田さんに言わせれば、過去の人間が何を言ってもはじまらない。大切なことは現在の人々が未来に向かって、したたかに、しなやかに生きていくことだ。

二人とも過去を語ることや、上から目線でものを言うことが大嫌いだったから、あの世で二人に会ったら最初に「郡山くん、よけいなことをしてくれたな」と叱られそうである。

ただ、井深さんの生き方、盛田さんの働き方は、この二一世紀、令和の時代にますます必要だと思えてならない。私利私欲から動く経営者、個人の尊重を忘れた経営者が増えてきたように思えるからだ。

もちろん、このことは経営者だけでなく、ビジネスマンすべてに言えることだ。為政者も然りである。

彼らに学ぶべきところは学び、新しい時代をつくっていく原動力にしていただければと思う。

人は、まわりの人を幸せにしたら、自分が幸せになる。日本人が力を合わせて世界中の人々を幸せにするようなものをたくさん作ったら、日本人全体が幸福になる。

この「井深イズム」「盛田イズム」は、普遍のものだと信じている。

井深さんの生き方、盛田さんの働き方。

その背景にある思いや知恵が若い世代に伝わり、未来を切り拓くための松明（たいまつ）として役立ててもらえれば、望外の喜びである。

〈参考文献〉

・郡山史郎『ソニーが挑んだ復讐戦—日本再建の軌跡』（プラネット出版、2001年）
・ソニー広報センター『ソニー自叙伝』（ワック、第2版、1995年）
・井深大『井深大　自由闊達にして愉快なる—私の履歴書』（日本経済新聞出版社、2012年）
・『週刊東洋経済eビジネス新書No.101　漂流する巨船　ソニー』（東洋経済新報社、2015年）
・出井伸之『人生の経営』（小学館、2022年）
・豊島文雄『2025年のパラダイムシフト 井深大の箴言』（ごま書房新社、2020年）

青春新書
INTELLIGENCE

こころ涌き立つ「知」の冒険

いまを生きる

"青春新書"は昭和三一年に——若い日に常にあなたの心の友として、その糧となり実になる多様な知恵が、生きる指標として勇気と力になり、すぐに役立つ——をモットーに創刊された。

そして昭和三八年、新しい時代の気運の中で、新書"プレイブックス"にその役目のバトンを渡した。「人生を自由自在に活動する」のキャッチコピーのもと——すべてのうっ積を吹きとばし、自由闊達な活動力を培養し、勇気と自信を生み出す最も楽しいシリーズ——となった。

いまや、私たちはバブル経済崩壊後の混沌とした価値観のただ中にいる。その価値観は常に未曾有の変貌を見せ、社会は少子高齢化し、地球規模の環境問題等は解決の兆しを見せない。私たちはあらゆる不安と懐疑に対峙している。

本シリーズ"青春新書インテリジェンス"はまさに、この時代の欲求によってプレイブックスから分化・刊行された。それは即ち、「心の中に自らの青春の輝きを失わない旺盛な知力、活力への欲求」に他ならない。応えるべきキャッチコピーは「こころ涌き立つ"知"の冒険」である。

予測のつかない時代にあって、一人ひとりの足元を照らし出すシリーズでありたいと願う。青春出版社は本年創業五〇周年を迎えた。これはひとえに長年に亘る多くの読者の熱いご支持の賜物である。社員一同深く感謝し、より一層世の中に希望と勇気の明るい光を放つ書籍を出版すべく、鋭意志すものである。

平成一七年　　　　刊行者　小澤源太郎

著者紹介

郡山史郎〈こおりやま しろう〉

1935年生まれ。株式会社CEAFOM代表取締役社長。一橋大学経済学部卒業後、伊藤忠商事を経て、1959年ソニー入社。73年米国のシンガー社に転職後、81年ソニーに再入社、85年取締役、90年常務取締役、95年ソニーPCL社長、2000年同社会長、02年ソニー顧問を歴任。04年、プロ経営幹部を紹介する株式会社CEAFOMを設立し、代表取締役に就任する。人材紹介業をおこなう傍ら、これまでに5000人以上の定年退職者をサポート。著書に、ベストセラーとなった『定年前後の「やってはいけない」』ほか、『定年格差』『87歳ビジネスマン。いまが一番働き盛り』(小社刊)などがある。

ソニー創業者の側近が今こそ伝えたい
井深大と盛田昭夫
仕事と人生を切り拓く力

青春新書
INTELLIGENCE

2023年3月15日　第1刷

著　者　郡山史郎

発行者　小澤源太郎

責任編集　株式会社プライム涌光
電話　編集部　03(3203)2850

発行所　東京都新宿区若松町12番1号 〒162-0056　株式会社青春出版社
電話　営業部　03(3207)1916　振替番号　00190-7-98602

印刷・中央精版印刷　製本・ナショナル製本

ISBN978-4-413-04666-4